新疆特色的轨道交通类专业教学体系研究课题成果

Chuanganqi ji Jiance Jishu

传感器及检测技术

主　　编　叶剑锋　　陆莲芳

副主编　孙　　亮［乌鲁木齐市城市综合交通项目研究中心］
　　　　　刘焕海

主　　审　张福华［乌鲁木齐城市轨道集团有限公司］
　　　　　吴　　民［新疆交通职业技术学院］

人民交通出版社股份有限公司
China Communications Press Co.,Ltd.

内 容 提 要

本书分为七大部分,一个基础模块,选取应用最为广泛的电阻式传感器等六类传感器,分别从原理、电路解析、实验验证、案例、行动计划等几个方面入手,在教学过程中,可根据实际调整案例、扩充内容、加强任务实施。

本书可作为高等职业院校机电一体化、城市轨道交通机电技术、智能交通技术运用、汽车电子技术、电气化铁道技术、电气自动化等专业教材,也可作为相关专业的培训教材及参考用书。

图书在版编目(CIP)数据

传感器及检测技术 / 叶剑锋,陆莲芳主编. —北京:
人民交通出版社股份有限公司,2016.8
新疆特色的轨道交通类专业教学体系研究课题成果
ISBN 978-7-114-13221-6

Ⅰ.①传… Ⅱ.①叶… ②陆… Ⅲ.①传感器—检测
Ⅳ.①TP212

中国版本图书馆 CIP 数据核字(2016)第 169585 号

新疆特色的轨道交通类专业教学体系研究课题成果

书　　　名	传感器及检测技术
著 作 者	叶剑锋　陆莲芳
责任编辑	任雪莲　李学会
出版发行	人民交通出版社股份有限公司
地　　　址	(100011)北京市朝阳区安定门外外馆斜街 3 号
网　　　址	http://www.ccpress.com.cn
销售电话	(010)59757973
总 经 销	人民交通出版社股份有限公司发行部
经　　　销	各地新华书店
印　　　刷	北京虎彩文化传播有限公司
开　　　本	787×1092　1/16
印　　　张	7.5
字　　　数	176 千
版　　　次	2016 年 8 月　第 1 版
印　　　次	2019 年 1 月　第 2 次印刷
书　　　号	ISBN 978-7-114-13221-6
定　　　价	22.00 元

序
PREFACE

　　2011 年 11 月 26 日，乌鲁木齐地铁正式得到国家发展改革委的批复，乌鲁木齐市步入轨道交通时代，掀开了地铁建设的热潮。为了适应市场需求，新疆交通职业技术学院于 2008 年申报开办电气化铁道技术专业，经过多年努力，形成了集轨道交通工程、机电、信号、运营为一体的技能型人才培养格局，与乌鲁木齐城市轨道集团有限公司签订订单培养 300 多人，在各地铁路部门就业 200 余人，轨道交通人才培养呈现良好的发展态势。

　　新专业的开办面临的是人才培养方案的修订、师资队伍的培养、实验实训条件的建设等一系列专业建设问题。为解决好这些问题，本人带领轨道交通专业教学团队，向新疆维吾尔自治区交通运输厅申报了《新疆特色的轨道交通类专业教学体系研究》科技重点课题，在自治区交通运输厅的大力支持下，于 2013 年 7 月正式开展相关研究。研究团队先后前往北京地铁、南京地铁、广州地铁等企业进行调研，在广东交通职业技术学院、北京交通运输职业学院、南京铁道职业技术学院等兄弟院校进行了人才培养方案论证和师资培养交流，进而形成了专业人才培养方案和课程标准，以期指导专业建设，同时形成了《轨道交通信号系统维护》等部分特色教材，用于相关专业的教学。现将相关成果进行集中出版，以期能够在更广的范围内获得应用，更是启发后续相关专业建设的关键。

　　课题研究得到了乌鲁木齐城市轨道集团有限公司的大力支持以及相关企业和兄弟院校的帮助，在此表示诚挚感谢。南京铁道职业技术学院林瑜筠教授，北京交通大学毛宝华教授，广东交通职业技术学院王劲松教授、吴晶教授、黎新华教授，乌鲁木齐城市轨道集团有限公司的徐平、邓超等专家给予了指导和支持，人民交通出版社股份有限公司相关编辑、课题团队成员为系列成果出版做了大量工作，在此一并致谢。

二〇一六年五月

前言
FOREWORD

      传感器及检测技术是新疆交通职业技术学院精品课程,是机电一体化、城市轨道交通机电技术、智能交通技术运用、汽车电子技术、电气化铁道技术、电气自动化等专业的必修课,也是机电类专业的重要基础课程之一,理论性较强,同时又兼具实践性。为了加强课程建设和突出课程的实践性,符合职业教育的理念,在编写时,几次易稿,最终确定本书的大纲,既保留了原有的重要知识点,又突出了对学生技能和创新意识的培养。

      本书分为七大部分,其中一个基础模块。选取应用最为广泛的电阻式传感器等六类传感器,分别从原理、电路解析、实验验证、案例、行动计划等几个方面入手,在教学过程中,可根据实际调整案例、扩充内容、加强任务实施。建议在教学中将班级学生分成几个小组,每个小组在完成规定的学习内容之外,选取其中最感兴趣的一个项目进行重点学习研究,最终完成作品,同时将作品作为评定课程成绩的最重要参考。

      学习本课程应不拘泥于课程本身,本课程的学习应将单片机、PLC、C 语言等课程和知识高度结合起来,应用到系统的设计和制作当中,同时加以创新。广泛收集和阅读材料,是提升知识技能的重要手段,也是项目顺利实施的重要保证。

      由于时间仓促、水平有限,书中难免有些错误和缺陷,欢迎广大教师、学生批评指正。本书仅仅作为课程的参考材料之一,更多的资料可登陆精品课程网阅读下载(新疆交通职业技术学院官网/精品课程/传感器及检测技术 http://www. xjjtedu. com/jpk/Indexshow. jsp? Flagvalue = cgq)。

作　者

二〇一六年五月

目 录
CONTENTS

课 程 导 学

传感器是获取信息的工具。传感器技术是关于传感器设计、制造及应用的综合技术,它是信息技术(传感与控制技术、通信技术和计算机技术)的三大支柱之一。

由于传感器技术的重要性,日本把传感器技术列为 20 世纪 80 年代十大技术之首,美国把传感器技术列为 20 世纪 90 年代 22 项关键技术之一,英国传感器销售额 1990 年比 1980 年增长 2000 倍。采用先进的传感器可以大大提高装置的技术水平,提高市场竞争力,因此有这样的说法:"谁掌握和支配了传感器技术,谁就能够支配新时代。"

随着电子计算机、生产自动化、现代信息、军事、交通、化学、环保、能源、海洋开发、遥感、宇航等科学技术的发展,对传感器的需求量与日俱增,其应用的领域已渗入国民经济的各个部门以及人们的日常生活之中。现就传感器在一些主要领域中的应用进行简要介绍。

1. 自动检测与自动控制系统

在电力、冶金、石化、化工等流程工业中,生产线上设备运行状态关系到整个生产线流程。通常建立 24h 在线监测系统。测量参数包括润滑油温度、冷却液温度、燃油压力及发动机转速等。

2. 汽车与传感器

高级轿车需要用传感器对温度、压力、位置、距离、转速、加速度、湿度、电磁、光电、振动等进行实时准确的测量,即便是普通轿车,一般也需要 30～100 种传感器。

3. 传感器与家用电器

涉及传感器的家用电器有:自动电饭锅、吸尘器、空调、电子热水器、风干器、电熨斗、电风扇、洗衣机、洗碗机、照相机、电冰箱、电视机、录像机、家庭影院。

全自动洗衣机中的传感器包括:衣物重量传感器,衣质传感器,水温传感器,水质传感器,透光率光传感器(洗净度),液位传感器,电阻传感器(衣物烘干检测)。

4. 楼宇控制与安全防护

为保证我们生活、工作的建筑物安全、健康、舒适、温馨,并能保证系统运行的经济性和管理的智能化,在楼宇中应用了许多测试技术,如闯入监测、空气监测、温度监测、电梯运行状况监测等。

5. 传感器在机器人上的应用

应用于机器人的传感器有:转动/移动位置传感器、力传感器、视觉传感器、听觉传感器、接近距离传感器、触觉传感器、热觉传感器、嗅觉传感器。

2003 年 9 月,全球现场直播埃及金字塔世界最古老石棺的考古挖掘进程,为了揭开古埃及金字塔内部结构之谜,使一个小机器人通过了埃及最大的金字塔内一条狭窄的通道,试图揭开 4600 年前的秘密。它的探秘之行以发现了又一道封闭的石门而告终。

6. 传感器在生物医学上的应用

对人体的健康状况进行诊断需要进行多种生理参数的测量。国内已经成功地开发出了用于测量近红外组织血氧参数的检测仪器。人类基因组计划的研究也大大促进了对酶、免疫、微生物、细胞、DNA、RNA、蛋白质、嗅觉、味觉和体液组分以及血气、血压、血流量、脉搏等传感器的研究。

7. 传感器与环境保护

保护环境和生态平衡,实现可持续发展,必须进行大气监测和江河湖海水质检测,因此需要大量用于污水流量、pH 值、电导、浊度、COD、BOD、TP、TN、矿物油、氰化物、氨氮、总氮、总磷、金属离子浓度(特别是重金属离子浓度)以及风向、风速、温度、湿度、工业粉尘、烟尘、烟气、SO_2、NO、O_3、CO 等参数测量的传感器,这些传感器中大多数亟待开发。

8. 军事领域

先进的科学技术总是最先被应用于战争。

以坦克、飞机、军舰为标志的作战平台是传统的主要作战武器,各类传感器不过是配属的保障设施。而当前由信息技术发展推动的军事革命把重点从作战平台转向如何观察战场、怎样传递所观察到的战场情况、怎样运用那些性能优越的精确武器的问题上来,从重视军舰、坦克和飞机转为重视信息获取技术和信息获取装置的作用,传感器、通信以及精确制导武器等已在战争中起着至关重要的作用。

海湾战争中,伊拉克在科威特战区部署了 4280 辆坦克,多国部队只有 3800 辆坦克,但结果是伊拉克的坦克 89% 被毁,而多国部队的坦克仅损失 20 辆。这种悬殊的损毁比,正是由于双方信息优势及精确制导武器方面的明显差距造成的。由近期的几场高技术条件下的局部战争可以看到,随着新军事革命浪潮的到来,高度信息化的武器平台已经开始发挥战场主导作用。数字化战争需要利用全方位、多手段的传感器系统感知和收集战场各种信息,对这些信息进行判读、分析、综合与管理,实现"传感器—控制器—武器"一体化。

战场生物传感器不但能准确识别各种生化战剂,而且可与计算机配合,及时提出最佳防护和治疗方案,还可通过测定炸药、火箭推进剂的降解情况来发现敌人库存弹药的数量和位置,成为侦察的有效手段。

在未来战争中,新一代精确化和智能化的常规武器和电子武器可能在实质上取代核武器的位置。智能武器"把巨大的杀伤力和极高的精确性相结合,将会使军事机构思考未来战争的方式发生革命"。高技术常规武器成为比核武器更可靠的手段,"打了不用管"的制导炮弹能像导弹那样捕捉和跟踪目标,射程远,威力大,价格低,命中率高,具有子母弹的打击能力,以及破甲弹、动能弹的攻击方式。

9. 传感器与农业

21 世纪的农业将是知识密集、技术密集的产业,设施农业可以有效提高农业生产效益和增强抗灾能力,借助温室及其配套装置来调节和控制作物生产环境条件,摆脱自然制约,以达到高产、高效、优质。

信息获取手段是实现高水平设施农业的关键技术之一,设施农业用传感器的品种较多,主要用于温度、湿度、土壤干燥度、CO_2、光照度、土壤养分等参数的测量。信息获取技术还在农田和果园生产、农业生物学研究、农药残留量检测等方面得到了广泛的应用。

在本课程的学习中,要加强对相关元器件的认识和电路的识图,尤其要注重对问题和项目的理解,多观察市场,多动手,激发创意和想法,这是本课程的核心。

储备知识　传感器及检测技术基础

储备知识一　传感器基础

一、传感器的定义及分类

根据国家标准的规定,传感器的定义为:能感受规定的被测量并按照一定的规律转换成可用输出信号的器件或装置。这一定义与美国仪表学会(ISA)的定义相类似,是比较确切的。

机电一体化系统中所用传感器种类繁多,同一被测量可以用不同原理的传感器测量,同一原理的传感器也可以测量不同的被测量。材料科学的发展和固体物理效应的新发现,将不断提供更多的新型传感器。了解传感器的分类,可加深对其共性和特点的理解,以便正确选用传感器。

1. 传感器的分类

(1)按被测对象(输入量)分,有位移、速度、加速度、力、压力、扭矩、时间、温度传感器等。

(2)按工作原理分,有电感式传感器等,见表0-1。

传感器的分类　　　　　　　　　　　　　　　　　　表0-1

传感器分类		转换原理	传感器名称	典型应用
转换形式	中间参量			
电参数	电阻	移动电位器触点改变电阻	电位器传感器	位移
		改变电阻丝或电阻片的尺寸	电阻丝应变传感器、半导体应变传感器	微应变、力、负荷
		利用电阻的温度效应(电阻温度系数)	热丝传感器	气流速度、液体流量
			电阻温度传感器	温度、热辐射
			热敏电阻传感器	温度
		利用电阻的光敏效应	光敏电阻传感器	光强
		利用电阻的湿度效应	湿敏电阻	湿度
	电容	改变电容的几何尺寸	电容传感器	力、压力、负荷、位移
		改变电容的介电常数		液位、厚度、含水量
	电感	改变磁路的几何尺寸、导磁体位置	电感传感器	位移
		涡流去磁效应	涡流传感器	位移、厚度、硬度
		利用压磁效应	压磁传感器	力、压力、扭矩

传感器分类		转 换 原 理	传感器名称	典 型 应 用
转换形式	中间参量			
电参数	电感	改变互感	差动变压器	位移
			自整角机	位移
			旋转变压器	位移
	频率	改变谐振回路中的固有参数	振弦式传感器	压力、力
			振筒式传感器	气压
			石英谐振传感器	力、温度等
	计数	利用莫尔条纹	光栅	大角位移、大直线位移
		改变互感	感应同步器	
		利用拾磁信号	磁栅	
	数字	利用数字编码	角度编码器	大角位移
电参数	电动势	温差电动势	热电偶	温度、热流
		霍尔效应	霍尔传感器	磁通、电流、压力
		电磁感应	磁电传感器	速度、加速度
		光电效应	光电池	光强
	电荷	辐射电离	电离室	离子计数、放射性强度
		压电效应	压电传感器	动态力、加速度

（3）按传感器的能量源分为有源型和无源型。

（4）按传感器的结构参数在信号变换过程中是否发生变化分为结构型和物性型。

（5）按输出信号的性质分为开关型（二值型）、模拟型和数字型。

（6）按机电一体化系统中测量的目的分为内部信息传感器和外部信息传感器。

为了便于用户选用，传感器的名称通常是（1）和（2）的综合，如应变式力传感器、电涡流式位移传感器、压电式加速度传感器等。

2. 基本量与派生量、间接测量量的关系

了解基本量与派生量的关系，对根据检测对象选择传感器的类型很有帮助。因为，表面上被测量五花八门，但本质上许多非电量是从基本量派生出来的，如表面粗糙度、腐蚀度等可以认为是从基本量"位移"派生而来，因此可用位移传感器测量。了解基本量与派生量的关系，能发挥传感器的使用效能。另一方面，有些物理量可通过测量基本量而间接测量，如力或压力等可以通过弹性元件转变为位移，因此，位移传感器也可间接测量力或压力等。了解基本量与间接测量量的关系，有助于理解传感器的工作原理。

二、传感器的发展方向

由于传感技术所涉及的技术非常广泛，几乎渗透到各个学科领域，因此对传感器新理论的探讨、新技术的应用、新材料和新工艺的研究是传感器的发展方向。

1. 努力实现传感器新特性

以确保自动化生产检测和控制的准确性。

2. 确保传感器的可靠性，延长其使用寿命

传感器具有较长的使用寿命，能在恶劣环境下工作并具有失效保险功能等。

3. 提高传感器集成化及功能化的程度

传感器集成化是实现传感器小型化、智能化和多功能的重要保证。现在已能将敏感元件、温度补偿电路、信号放大电路、电压调制电路和基准电压等单元电路集成在同一芯片上。根据需要，今后将会把超大规模集成电路、执行机构与多种传感器集成在单个芯片上，以实现传感器功能与信息处理功能的一体化。

4. 传感器微型化

微机电系统(又称 MEMS)是一种轮廓尺寸在毫米量级、组成元件尺寸在微米量级的可运动的微型机电装置。如微型电机、继电器、泵、齿轮等。

5. 新型功能材料的开发

传感器技术的发展与新材料的研究开发紧密结合，各种新型传感器孕育在新材料之中。随着材料科学的进步，在制造各种材料时，人们可以任意控制它的成分，从而可以设计并制造出各种用于传感器的功能材料。

三、传感器的静态特性

传感器的静态特性是指在稳态条件下(传感器无暂态分量)用分析或实验方法所确定的输入—输出关系。这种关系可依不同情况，用函数或曲线表示，有时也可用数据表格来表示。表征传感器静态特性的主要指标有线性度、灵敏度、迟滞、重复性。

1. 线性度

传感器的理想输入—输出特性应是线性的，如图 0-1 所示。

理想直线可由最小点(x_{min}, y_{min})和最大点(x_{max}, y_{max})确定。

$$y - y_{min} = \frac{y_{max} - y_{min}}{x_{max} - x_{min}}(x - x_{min})$$

或者

$$y = kx + a$$

其中：

$$k = \frac{y_{max} - y_{min}}{x_{max} - x_{min}}; a = y_{min} - kx_{min}$$

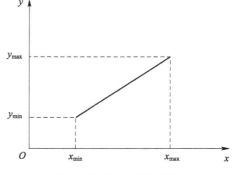

图 0-1 理想变换特性曲线

而实际上，许多传感器并非具有线性的输入—输出特性，在一定程度上存在着非线性。若不考虑迟滞及蠕变效应，表示传感器输入—输出特性的公式为：

$$y = f(x) + a_0 + a_1 x + a_2 x^2 + \cdots + a_n x^n$$

式中：x——被测非电量；

y——输出电量；

a_0——零位输出；

a_1——理想直线斜率；

a_i——非线性系数($i = 2, 3, \cdots, n$)。

线性度是以一定的拟合直线作基准与校准曲线作比较，以其不一致的最大偏差与理论满量程输出值的百分比来进行计算：

$$\delta_L = \pm \frac{|\Delta L_{max}|}{Y_{FS}} \times 100\%$$

式中：Y_{FS}——满量程输出值，$Y_{FS} = y_{max} - y_{min}$。

对于非理想直线特性的传感器，需要进行非线性校正，常采用以下方法。

（1）端点法

传感器实际特性上分别对应于测量下限 x_{min} 和测量上限 x_{max} 的点 A 和 B 的连线，称为端点拟合直线，如图 0-2 所示。设拟合的直线为 $y = kx + a$，将校准的两个端点数据 (x_{min}, y_{min})、(x_{max}, y_{max}) 代入可求出：

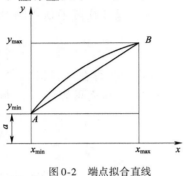

图 0-2　端点拟合直线

$$\begin{cases} y_{min} = kx_{min} + a \\ y_{max} = kx_{max} + a \end{cases}$$

$$k = \frac{y_{max} - y_{min}}{x_{max} - x_{min}}$$

$$a = y_{min} - kx_{min}$$

拟合方程为：

$$y = y_{min} + \frac{y_{max} - y_{min}}{x_{max} - x_{min}}(x - x_{min})$$

端点法方法简单，但由于数据依据不充分，且计算的线性度值往往偏大，因此不能充分发挥传感器的精度潜力。

（2）平均选点法

把传感器全量程内的所有校准数据，前后分成两组，分别求出两组的点系中心，这两个点系中心的连线，就是平均选点法的拟合直线。

前半部点系中心坐标为：

$$\begin{cases} \overline{x}_1 = \dfrac{2}{n}\sum_{i=1}^{\frac{n}{2}} x_i \\ \overline{y}_1 = \dfrac{2}{n}\sum_{i=1}^{\frac{n}{2}} y_i \end{cases}$$

后半部点系中心坐标为：

$$\begin{cases} \overline{x}_2 = \dfrac{2}{n}\sum_{i=\frac{n}{2}+1}^{n} x_i \\ \overline{y}_2 = \dfrac{2}{n}\sum_{i=\frac{n}{2}+1}^{n} y_i \end{cases}$$

因此通过两个点系中心 $(\overline{x}_1, \overline{y}_1)$ 和 $(\overline{x}_2, \overline{y}_2)$ 的直线斜率为：

$$k = \frac{\overline{y}_2 - \overline{y}_1}{\overline{x}_2 - \overline{x}_1}$$

直线在 y 轴上的截距为 $a = \overline{y}_1 - k\overline{x}_1$ 或 $a = \overline{y}_2 - k\overline{x}_2$。

把斜率和截距代入 $y = a + kx$，即得到平均选点法拟合直线方程。

平均选点法的特点为：拟合精度较高，实验点在拟合直线两侧分布，数据处理不复杂。

（3）最小二乘法

把所有校准点数据都标在坐标图上，用最小二乘法拟合直线 $y = a + kx$，其校准点与对应的拟合直线的点之间的残差平方和为最小。

$$\sum_{i=1}^{n} \Delta_i^2 = \sum_{i=1}^{n} \left[y_i - (a + kx_i) \right]^2$$
$$= (y_1 - a - kx_1)^2 + (y_2 - a - kx_2)^2 + \cdots + (y_n - a - kx_n)^2$$

式中：y——校准点；

k——拟合直线的斜率。

将上式分别对 a 和 k 取偏导数，得：

$$\frac{\partial \sum \Delta_i^2}{\partial a} = -2(y_1 - a - kx_1) - 2(y_2 - a - kx_2) - \cdots - 2(y_n - a - kx_n)$$

$$\frac{\partial \sum \Delta_i^2}{\partial k} = -2x_1(y_1 - a - kx_1) - 2x_2(y_2 - a - kx_2) - \cdots - 2x_n(y_n - a - kx_n)$$

为满足残差为最小，使 $\dfrac{\partial \sum \Delta_i^2}{\partial a} = 0$，$\dfrac{\partial \sum \Delta_i^2}{\partial k} = 0$，则有：

$$(y_1 - a - kx_1) + (y_2 - a - kx_2) + \cdots + (y_n - a - kx_n) = 0$$
$$x_1(y_1 - a - kx_1) + x_2(y_2 - a - kx_2) + \cdots + x_n(y_n - a - kx_n) = 0$$

各项相加后得：

$$\sum y_i - na - k\sum x_i = 1$$
$$\sum x_i y_i - a\sum x_i - k\sum x_i^2 = 0$$

亦即：

$$\begin{cases} na + (\sum x_i)k = \sum y_{i-1} \\ (\sum x_i)a + (\sum x_i^2)k = \sum x_i y_i \end{cases}$$

由上式可得：

$$a = \frac{(\sum x_i y_i) \cdot \sum x_i - \sum y_i \cdot \sum x_i^2}{(\sum xi)^2 - n \cdot \sum x_i^2}$$

$$k = \frac{\sum x_i \cdot \sum y_i - n\sum x_i y_i}{(\sum x_i)^2 - n\sum x_i^2}$$

最小二乘法的特点为：拟合精度高，计算复杂。

注：除拟合直线法外，还有其他一些方法，如分段线性插值、反函数补偿、查表等。

2. 迟滞

迟滞特性说明传感器加载（输入量增大）和卸载（输入量减小）输入—输出特性曲线不重合的程度。也就是说，达到同样大小的输入量，但所采用的行程方向不同时，尽管输入量相同，输出信号大小却不相等。

迟滞大小一般用实验方法确定，用最大输出差值 Δ_{max} 与满量程输出 y_m 的百分比来表示，如图 0-3 所示。

$$\gamma = \pm \frac{\Delta_{max}}{2y_m} \times 100\%$$

迟滞的产生主要是由于传感器机械部分存在的不可避免的缺陷造成的，如轴承摩擦、间隙、紧固件松动、材料内摩擦、积生等。

3. 重复性

重复性是指传感器输入按同一方向作全量程连续多次变动时所得特性曲线不一致的程度,如图 0-4 所示。

$$\gamma_R = \pm \frac{\Delta_{max}}{Y_m} \times 100\%$$

式中:γ_R——重复性;

Δ_{max}——Δ_{max_1} 与 Δ_{max_2} 中的大者;

Y_m——满量程输出值。

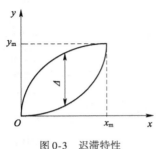

图 0-3　迟滞特性

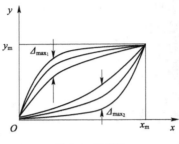

图 0-4　重复性

4. 灵敏度

传感器输出变化量 Δy 与引起该变化量的输入变化量 Δx 之比为静态灵敏度,$k = \Delta y / \Delta x$(拟合直线即为斜率)。

5. 分辨力

分辨力是指传感器可能检测出被测信号的最小增量。

另外,传感器的静态特性还有其他一些指标,如测量范围、过载、温度稳定性等,这里不作介绍。

四、传感器的动态特性

1. 概述

在测量静态信号时,线性传感器的输出—输入特性是一条直线,二者之间有一一对应的关系,而且因为被测信号不随时间变化,测量和记录过程不受时间限制。而在实际测试工作中,大量的被测信号是动态信号,传感器对动态信号的测量任务不仅需要精确地测量信号幅值的大小,而且需要测量和记录动态信号变换过程的波形,这就要求传感器能迅速准确地测出信号幅值的大小和无失真的再现被测信号随时间变化的波形。

传感器的动态特性是指传感器对激励(输入)的响应(输出)特性。

一个动态特性好的传感器,其输出随时间变化的规律(变化曲线),能同时再现输入随时间变化的规律(变化曲线),即两者具有相同的时间函数。但实际上除了具有理想的比例特性环节外,输出信号将不会与输入信号具有相同的时间函数,这种输出与输入间的差异就是所谓的动态误差。

研究动态特性可以从时域和频域两个方面,采用瞬态响应法和频率响应法来分析。一般而言,在时域内研究传感器的响应特性时,只研究几种特定输入时间函数,如阶跃函数、脉冲函数和斜坡函数等的响应特性,在频域内研究动态特性一般是采用正弦函数得到频率响应特性。

总而言之,传感器的动态特性是指传感器的输出对随时间变化的输入量的响应特性。例如用阶跃函数作为输入来研究其动态特性,这种方法称为阶跃响应法。表征阶跃响应特性的主要技术指标有:时间常数、延迟时间、上升时间、峰值时间、最大超调量、响应时间等。

传感器时域动态特性如图0-5所示。各指标定义如下:

(1)上升时间 t_r:输出由稳态值的10%变化到稳态值的90%所用的时间。

(2)响应时间 t_s:系统从阶跃输入开始到输出值进入稳态值所规定的范围内所需要的时间。

(3)峰值时间 t_p:阶跃响应曲线达到第一个峰值所需的时间。

(4)超调量 σ:传感器输出超过稳态值的最大值 ΔA,常用相对于稳态值的百分比 σ 表示。

在研究传感器频域动态特性时,常用幅频特性和相频特性来描述传感器的动态特性,重要指标是频带宽度(带宽),即增益变化不超过某一规定分贝值的频率范围。

2. 频率特性及其与动态品质之间的关系

线性系统在正弦输入作用下的输出幅值与输入幅值的比值称为系统的幅频特性,以 $|H(j\omega)|$ 或 $A(\omega)$ 表示,两者统称为频率特性。

输出与输入之间随频率而变的相位特性称为相频特性,以 $\varphi(\omega)$ 表示。

在 $0 < \omega < \omega_1$ 区间,幅频特性是平坦形,而相频特性呈线性。由于幅频特性平坦,对所有落在此区间内的谐波输入都有相同的灵敏度,因而不产生幅值误差;而线性变化的相频特性,可以保证不出现相位误差,因而处在此区间的各种谐波所组成的任意波形都能被精确地复现。由此可以得出结论:

(1)频率特性的形状对评估动态误差有重要意义。

(2)从典型环节的频率特性,可以了解结构参数对它的影响及暂态响应之间的关系,如图0-6所示。

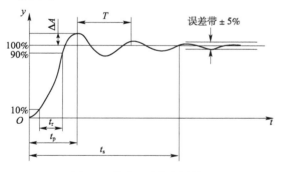 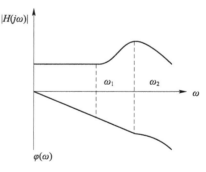

图0-5　传感器时域动态特性　　　　　图0-6　幅频和相频特性

3. 一阶传感器

具有简单能量变换的传感器,其动态性能多数可用一阶微分方程来描述。

在工程上,一般将式 $a_i \dfrac{\mathrm{d}y(t)}{\mathrm{d}t} + a_0 y(t) = b_0 x(t)$ 视为一阶传感器的微分方程的通式,它可以改写为:

$$\frac{a_1}{a_0}\frac{\mathrm{d}y(t)}{\mathrm{d}t} + y(t) = \frac{b_0}{a_0}x(t)$$

式中：$\dfrac{a_1}{a_0}$——传感器的时间常数，具有时间的量纲，记为 τ；

$\dfrac{b_0}{a_0}$——传感器的灵敏度 S_n，具有输出/输入的量纲。

这样可得到典型一阶传感器的频率特性 $H(j\omega)A/(1+j\omega\tau)$（传递函数，可由拉氏变换得到）或 $A(\omega)$。

$$\begin{cases} |H(j\omega)| = \dfrac{A}{\sqrt{1+(\omega\tau)^2}} & \text{幅频特性} \\ \varphi(\omega) = -\arctan(\omega\tau) & \text{相频特性} \end{cases}$$

其幅频特性和相频特性曲线请学生自学。

由此得到结论：

（1）一阶频率特性具有最简单的形式，其特征参数用 3dB 频率 ω_c 表示，且 $\omega_c = 1/\tau$，τ 为传感器的时间常数。

（2）时间常数 τ 越小，则 3dB 频率 ω_c 越高，具有较宽的工作频域和较好的动态响应。

（3）一阶传感器的特征参数为 τ。

4. 二阶传感器

典型二阶传感器的微分方程通式为：

$$a_2 \dfrac{d^2y(t)}{dt^2} + a_1 \dfrac{dy(t)}{dt} + a_0 y(t) = a_0 x(t)（取拉氏变换）$$

其频率特性：

$$H(j\omega) = \dfrac{1}{\left[1 - \left(\dfrac{\omega}{\omega_n}\right)^2\right] + 2j\xi\left(\dfrac{\omega}{\omega_n}\right)}$$

幅频特性：

$$|H(j\omega)| = \dfrac{1}{\sqrt{\left[1 - \left(\dfrac{\omega}{\omega_n}\right)^2\right]^2 + \left(2\xi\dfrac{\omega}{\omega_n}\right)^2}} 或 A(\omega)$$

相频特性：

$$\varphi(\omega) = -\arctan \dfrac{2\xi\left(\dfrac{\omega}{\omega_n}\right)}{1 - \left(\dfrac{\omega}{\omega_n}\right)^2}$$

式中：$\omega_n = \sqrt{a_0/a_2}$，传感器的固有角频率；

$\xi = a_{1/2}\sqrt{a_0 a_2}$，传感器的阻尼比。

结论：

（1）为减小动态误差和扩大频响范围，一般是提高传感器的固有频率 ω_n〔一般是通过减小传感运动部分质量和增加弹性敏感元件的刚度来达到（$\omega_n = \sqrt{k/m}$），但刚度增加，必须使灵敏度按相应比例减小。在实际中，要综合各种因素来确定传感器的各个特征参数〕。

（2）在确定的固有频率下，当 $\xi = 0.707$ 时（临界阻尼状态），具有最宽的幅频特性平坦区。

储备知识二　检测技术基础

一、非电量与非电量测量

一切物质都处在永恒不停地运动之中。物质的运动形式很多,它们通过化学现象或物理现象表现出来。表征物质特性或其运动形式的参数很多,根据物质的电特性,可分为电量和非电量两类。电量一般是指物理学中的电学量,如电压、电流、电阻、电容、电感等;非电量则是指除电量之外的一些参数,如压力、流量、尺寸、位移量、质量、力、速度、加速度、转速、温度、浓度、酸碱度等。

在众多的实际测量中,大多数是对非电量的测量。在早期,非电量的测量多采用非电的测量方法,例如用尺测量长度,用秤称质量,用水银温度计测温度等。但随着科学技术的发展,对测量的准确度、测量速度,尤其对被测量动态变化过程的测量和远距离的检测都提出了更高的要求,原有的非电量测量方法已无法适应这一需要。因此需要研究新的测量方法和技术。非电量的电测技术应运而生,这种技术就是用电测技术的方法去测量非电的物理量(或称把被测非电量转换成与非电量有一定关系的电量,再进行测量的方法)。

非电量电测技术的主要特点如下:

(1)应用了已经较为成熟和完善的电磁参数测量技术、理论和方法。因而,非电量电测技术中的关键技术是研究如何将非电量变换成电磁量的技术——传感技术。

(2)便于实现连续测量。连续测量对于某些参数的自动测量(例如地震监测等)是十分重要的,但用非电的方法连续测量大电量却难以实现。

(3)电信号容易传输(有线、无线)、转换(放大、衰减、调幅、调频、调相等)、记录、存储和处理,便于实现遥测、巡回检测、自动测量,并能以模拟或数字方式进行显示和记录测量结果。

(4)可在极宽的范围内以较快的速度对被测非电量进行准确的测量。

(5)与计算机相配合,可进行传感器输出非线性的校正和误差的计算与补偿,进而使仪器智能化。同时,也可实现某些参数的自动控制。

(6)可完成用非电量方法无法完成的检测任务(如温度场测量等)。

二、非电量电测系统

随着计算机技术的普及和应用,人们对传感技术的重要性有了进一步的认识,把传感器视为计算机的"五官",推动了传感技术的发展。测量系统的功能说明如图0-7所示。

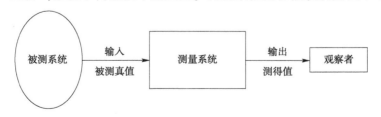

图0-7　测量系统的功能说明

测量是人们使用专门仪器,通过实验的方法去获得被测参量数值的过程。一个非电量电测系统由四种元件组成,如图0-8所示。

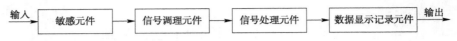

图 0-8 非电量电测系统组成

图 0-8 中,敏感元件(传感元件)直接感受被测非电量,并将其转换成电量;信号调理元件将敏感元件的输出转换成适合进一步处理的信号(如交/直流电桥、放大器等);信号处理元件将信号调理元件的输出转换成适于记录或显示的信号(例如 A/D、D/A、检波等);记录元件将信号处理元件的输出以适合的方式显示或记录。

例:一个称重测量系统的组成如图 0-9 所示。

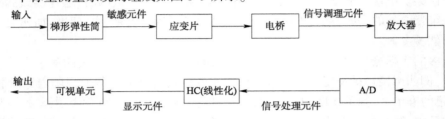

图 0-9 称重测量系统组成

三、测量误差

1. 误差的概念

(1)真值:任何量在一定客观条件下都具有不以人的意志为转移的固定大小,这个客观大小称为该量的真值。

由于"绝对真值"的不可知性,人们在长期的实践和科学研究中归纳出以下几种真值。

①理论真值:包括理论设计值、公理值、理论公式计算值。

②约定真值:包括国际计量大会规定的各种基本常数、基本单位标准。

③算术平均值:指多次测量的平均结果,当测量次数趋于无穷时,算术平均值趋于真值。

(2)误差:测量结果与真值之间总是有一定的差异,这种差异称为误差。

(3)误差公理:误差自始至终贯穿于一切科学实验之中。

2. 误差的分类

测量误差按其产生的原因与性质可分为系统误差、偶然误差和粗大误差三大类。

(1)系统误差

系统误差是指在同一条件下,多次测量同一物理量时,误差的大小和符号均保持不变,或当条件改变时,按某一确定的已知规律而变化的误差。

系统误差的特征是它的确定性,即实验条件确定后,系统误差就获得了一个客观上的确定值,一旦实验条件改变,系统误差也按一种确定的规律变化。

造成系统误差的原因有以下几个方面:

①仪器误差:指测量时由于所用的测量仪器、仪表不准确所引起的误差。

②环境误差:指因外界环境(如灯光、温度、湿度、电磁场等)的影响而产生的误差。

③方法误差:指由于测量所依据的理论、实验方法不完善或实验条件不符合要求而导致的误差。

④个人误差:指由实验者的分辨能力、感觉器官的不完善和生理变化、反应速度和固有的习惯等引起的误差(如估计读数始终偏大或偏小)。

系统误差的出现一般有较明确的原因,因此只要采取适当的措施对测量值进行修正,就可以使之减至最小。但是,在实验中仅靠增加测量次数并不能减小这种误差。

（2）偶然误差

偶然误差是指在相同条件下多次重复测量同一物理量时,测量结果的误差大小、符号均发生变化,其值时大时小,符号时正时负,无法控制。

偶然误差的特征是随机性,即误差的大小和正负无法预计,但却服从一定的统计规律。在对某一物理量进行大量次数的重复测量时,发现它服从正态分布（高斯分布）,如图0-10所示,纵坐标表示概率,横坐标表示误差。

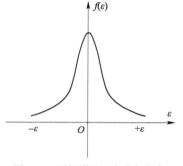

图0-10　随机误差正态分布曲线

服从正态分布的偶然误差具有以下一些特性:

①单峰性:绝对值小的误差比绝对值大的误差出现的概率大。

②对称性:绝对值相等的正负误差出现的概率相等。

③有界性:在一定测量条件下,误差的绝对值不超过一定的范围。

④抵偿性:随机误差的算术平均值随着测量次数的增加而越近于零。即:

$$\lim_{n \to \infty} \frac{1}{n} \sum_{i=0}^{n} \varepsilon_i = 0$$

可见,可用多次测量的算术平均值作为直接测量的近真值。

偶然误差的产生主要是由于人们的感官灵敏程度和仪器精密程度有限,各人的估读能力不一致,外界环境的干扰等,这些因素不尽全知,无法估计。由于偶然误差的出现服从正态分布规律,因此我们可以通过用多次测量求平均值的办法来减小偶然误差。

（3）粗大误差

粗大误差是由于测量者的过失（如使用方法不正确,实验方法不合理,粗心大意等）而引起的误差,粗大误差简称粗差。

粗大误差的特征是人为性,初学者容易产生这种误差,但是若采取适当的措施,这种误差完全可避免。例如,采取细心检查、认真操作、重复测量、多人合作等措施都可有效地避免这类误差。粗大误差一般使实验结果远离物理规律,它的出现必将明显地歪曲测量结果,我们应当努力将其剔除。什么样的数据可以认为是有过失误差的坏数据而必须加以剔除,我们可以依据一些粗差判别准则来鉴别。

系统误差和偶然误差并不存在绝对的界限,其产生的根源均来自测量方法、设备装置、人员素质和环境的不完善。在一定条件下,这两种误差可以相互转化。例如:按一定基本尺寸制造的量块,存在着制造误差,对某一具体量块而言,制造误差是一确定数值,可以认为是系统误差,但对一批量块而言,则制造误差属于偶然误差。掌握了误差转化的特点,可以将系统误差转化为偶然误差,用统计处理方法减小误差的影响,或将偶然误差转化为系统误差,用修正的方法减小其影响。

3. 误差的判别与处理

前面已谈过粗差及其生成的原因,这里主要介绍粗差的鉴别和消除方法。在判别某测量值是否包含粗差时,应做出详细的分析和研究。一般采用粗差判别准则来鉴别。

例如: 3σ 准则。

设 $x_1, x_2, x_3, \cdots, x_n$ 是对某量的一组等精度测量,而且服从正态分布,由正态分布理论可知,真误差落在 $\pm 3\sigma$ 内的概率为99.73%,即误差 $> \pm 3\sigma$ 的概率是0.27%,属于小概率事

13

件。如果发现在测量量中有：

$$|\delta_i| \geqslant 3\sigma \quad (1 \leqslant i \leqslant n)$$

式中，$\delta_i = x_i - \bar{x}$，为测量值 x_i 的残差。发现误差的绝对值大于 $\pm 3\sigma$，则认为该测量值 x_i 包含粗大误差，通常将它称为异常值，应剔除。

对于粗差除了设法从测量结果中鉴别和剔除外，首先要强化测量者严谨的科学态度和实事求是的工作作风，其次要注意保证实验条件和环境的稳定性，尽可能避免实验环境和条件的突变导致粗差的产生。

4. 误差的计算

（1）绝对误差和相对误差

①绝对误差：

$$\Delta = X - L_0$$

②相对误差：

$$\gamma = \frac{\Delta}{L_0} \times 100\%$$

③标称相对误差：

$$\xi = \frac{\Delta}{X} \times 100\%$$

④引用误差：

$$\delta = \frac{\Delta}{R} \times 100\%$$

⑤准确度（精度）：

$$S = \left| \frac{\Delta}{x} \right| \times 100\%$$

（2）实例

例：某压力表准确度为 2.5 级，量程为 0～1.5MPa，求：

①可能出现的最大满度相对误差 γ_m。

②可能出现的最大绝对误差 Δ_m。

解：①可能出现的最大满度相对误差可以从准确度等级直接得到，即 $\gamma_m = \pm 2.5\%$。

②$\Delta_m = \gamma_m \times A_m = \pm 2.5\% \times 1.5\text{MPa} = \pm 0.0375\text{MPa} = \pm 37.5\text{kPa}$。

结论：γ_x 的绝对值总是大于（在满度时等于）γ_m。

（3）仪表的准确度等级和基本误差表

仪表的准确度等级和基本误差表见表 0-2。

仪表的准确度等级和基本误差表   表 0-2

等级	0.1	0.2	0.5	1.0	1.5	2.5	5.0
基本误差	±0.1%	±0.2%	±0.5%	±1.0%	±1.5%	±2.5%	±5.0%

例如：在正常情况下，用 0.5 级、量程为 100℃ 温度表来测量温度时，可能产生的最大绝对误差为

$$\Delta_m = (\pm 0.5\%) \times A_m = \pm(0.5\% \times 100)\text{℃} = \pm 0.5\text{℃}$$

5. 测量的精密度、准确度和精确度

对测量结果的好坏，我们往往用精密度、准确度和精确度来评价，但这是三个不同的概

念,使用时应加以区别。

(1)精密度:表示测量结果中偶然误差大小的程度。它是指在规定条件下对被测量进行多次测量时,各次测量结果之间离散的程度。精密度高则离散程度小,重复性大,偶然误差小,但系统误差的大小不明确。

(2)准确度:表示测量结果中系统误差大小的程度。它是指在规定条件下,多次测量数据的平均值与真值符合的程度。准确度高则测量接近真值程度高,系统误差小,但对测量的偶然误差的大小并不明确。

(3)精确度:表示测量结果中系统误差与偶然误差的综合大小的程度。它是指测量结果的重复性及接近真值的程度。对于测量来说,精密度高,准确度不一定高;而准确度高,精密度也不一定高;只有精密度和准确度都高时,精确度才高。

下面我们以打靶为例,来形象地说明这三个不同概念之间的区别。

图0-11a)表示子弹比较集中,但都偏离靶心,说明射出的精密度高,但准确度较低;图0-11b)表示子弹比较分散,但是它们的中心位置比较接近靶心,说明射击的准确度高,但精密度较低;图0-11c)表示子弹比较集中于靶心,说明射击的精密度和准确度都较高,即精确度较高。

a)精密度   b)准确度   c)精确度

图0-11　测量的精密度、准确度和精确度图示

四、标定和校准

1. 基本概念

(1)标定:指利用某种标准器具对新研制或生产的传感器进行全面的技术检定和标度。

(2)校准:指对传感器在使用中和储存后进行的性能再次测试。

标定的基本方法是:利用标准仪器产生已知的非电量并输入到待标定的传感器中,然后将传感器的输出量与输入的标准量进行比较,从而得到一系列标准数据或者曲线。实际应用中输入的标准量可以用标准传感器检测得到,即将待标定的传感器与标准传感器进行比较。

传感器的标定是通过实验建立传感器输入量与输出量之间的关系,同时,确定出不同使用条件下的误差关系。

2. 传感器的标定工作分类

(1)对新研制的传感器需进行全面技术性能的检定,用检定数据进行量值传递,同时检定数据也是改进传感器设计的重要依据。

(2)经过一段时间的储存或使用后对传感器的复测工作。

对传感器进行标定,是根据实验数据确定传感器的各项性能指标,实际上也是确定传感器的测量精度。标定传感器时,所用的测量仪器的精度至少要比被标定的传感器的精度高一个等级。因此,通过标定确定的传感器的静态性能指标才是可靠的,所确定的精度才是可信的。

3. 静态标定

静态标定是指在输入信号不随时间变化的静态标准条件下,对传感器的静态特性如灵敏度、线性度、滞后和重复性等指标的检定。静态标定的目的是确定传感器的静态特性指标,如线性度、灵敏度、滞后和重复性等。

4. 动态标定

动态标定主要是研究传感器的动态响应。常用的标准激励信号源是正弦信号和阶跃信号。动态标定的目的是确定传感器的动态特性参数,如频率响应、时间常数、固有频率和阻尼比等。

5. 标定过程步骤

(1)将传感器全量程(测量范围)分成若干等间距点。

(2)根据传感器量程分点情况,由小到大逐渐一点一点地输入标准量值,并记录下与各输入值相对应的输出值。

(3)将输入值由大到小一点一点地减小,同时记录下与各输入值相对应的输出值。

(4)按步骤(2)、(3)所述过程,对传感器进行正、反行程往复循环多次测试,将得到的输出与输入测试数据用表格列出或画成曲线。

(5)对测试数据进行必要的处理,根据处理结果就可以确定传感器的线性度、灵敏度、滞后和重复性等静态特性指标。

项目一　电子秤设计与制作

情景1：某煤矿公司需要在厂房内设计1座地磅，称量范围在30~50t之间。该公司现寻找技术人员对该地磅进行设计，要求运用现代化的信息技术和智能测量手段，提高自动化水平。

情景2：现在人们越来越注重身体健康，越来越多的人加入到健康减肥的队伍，这群人需要每天都观测自己的身体变化。请设计一款简易的电子秤，使人们可以随时观察体重变化，制作成本不得高于20元。

任务一　电子秤电路设计

一、弹性敏感元件

弹性敏感元件把力或压力转换成了应变或位移，然后再由转换电路将应变或位移转换成电信号。弹性敏感元件是力传感器中一个关键性部件，应具有良好的弹性、足够的精度，保证长期使用和温度变化时的稳定性。

1. 弹性敏感元件的特性参数

（1）刚度：刚度是弹性敏感元件在外力作用下变形大小的量度，一般用 k 表示，即：

$$k = \frac{\mathrm{d}F}{\mathrm{d}x}$$

式中：F——作用在弹性敏感元件上的外力；

　　　x——弹性敏感元件的变形量。

（2）灵敏度：灵敏度是指弹性敏感元件在单位力的作用下产生变形的大小，它为刚度的倒数，用 S 表示。在测控系统中一般希望它是常数。

（3）弹性滞后：实际的弹性元件在加载、卸载的正、反行程中变形曲线是不重合的，这种现象称为弹性滞后现象，如图1-1所示，它会给测量带来误差。当比较两种弹性材料时，应都用加载变形曲线或都用卸载变形曲线来比较，这样才有可比性。

（4）弹性后效：当荷载从某一数值变化到另一数值时，弹性元件变形不是立即完成相应的变形，而是经一定的时间间隔逐渐完成的，这种现象称为弹性后效。

由于弹性后效的存在，弹性敏感元件的变形始终不能迅速地跟上力的变化，在动态测量时将引起测量误差。

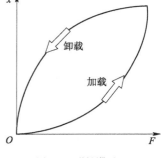

图1-1　弹性滞后

2. 弹性敏感元件的分类

（1）变换力的弹性敏感元件

变换力的弹性敏感元件大都采用等截面柱式（实心截面、空心截面）、圆环、薄板、悬臂梁、环及轴状等结构。图1-2为几种常见的变换力的弹性敏感元件。

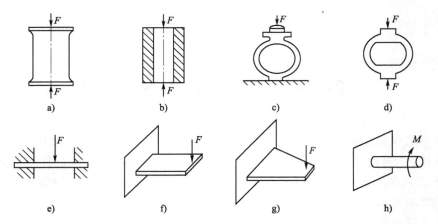

图 1-2 常用弹性敏感元件

柱式弹性敏感元件:结构简单,可承受很大荷载。

圆环式弹性敏感元件:具有较高的灵敏度,适用于较小力的测量。

悬臂梁式弹性敏感元件:加工方便,应变和位移较大。

（2）变换压力的弹性敏感元件

①弹簧管弹性敏感元件:弹簧管又叫布尔登管,它是弯成各种形状的空心管,管子的截面形状有许多种,但使用最多的是 C 形薄壁空心管,如图 1-3 所示。

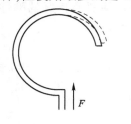

图 1-3　C 形弹簧管

C 形弹簧管的一端密封但不固定,成为自由端,另一端连接在管接头上且固定。当流体压力通过管接头进入弹簧管后,在压力 F 作用下,弹簧管的横截面力图变成圆形截面,截面的短轴力图伸长,从而使弹簧管趋向伸直,一直伸展到管弹力与压力的作用相平衡为止。这样,自由端便产生了位移。通过测量位移的大小,可得到压力的大小。

②波纹管弹性敏感元件:波纹管(图 1-4)是有许多同心环状皱纹的薄壁圆管,波纹管的轴向在液体压力下极易变形,可以将压力转换成位移量,有较高的灵敏度。

③薄壁圆筒弹性敏感元件:薄壁圆筒敏感元件(图 1-5)的壁厚一般小于圆筒直径的1/20,当筒内腔受压后,筒壁均匀受力并均匀地向外扩张,在轴线方向产生位移和应变。

图 1-4　波纹管　　　　　　　　　图 1-5　薄壁圆筒

二、金属的电阻应变效应

金属导体的电阻随着机械变形(伸长或缩短)的大小发生变化的现象称为金属的电阻应变效应(图1-6)。

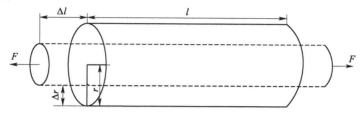

图1-6　金属的电阻应变效应

设一根长为 l，截面积为 S，电阻系数为 ρ 的电阻丝，其电阻值 $R = \rho \cdot \dfrac{l}{S}$。

当导线两端受到力 F 作用时，其长度 l 变化为 $\mathrm{d}l$，截面积 S 变化为 $\mathrm{d}S$，电阻系数 ρ 变化为 $\mathrm{d}\rho$。将 $R = \rho \cdot \dfrac{l}{S}$ 取对数再取微分，则引起电阻值变化 $\mathrm{d}R$：

$$\frac{\mathrm{d}R}{R} = \frac{\mathrm{d}\rho}{\rho} + \frac{\mathrm{d}l}{l} - \frac{\mathrm{d}S}{S}$$

因 $S = \pi r^2$（r 为导线半径），$\dfrac{\mathrm{d}S}{S} = 2\dfrac{\mathrm{d}r}{r}$。

由材料力学可知：

$$\frac{\mathrm{d}r}{r} = -\mu\frac{\mathrm{d}l}{l} = -\mu\varepsilon\,(径向变化)$$

式中：μ——泊松比；

ε——$\dfrac{\mathrm{d}l}{l}$ 电阻丝轴向的相对变化，也就是应变。

$$\frac{\mathrm{d}R}{R} = \frac{\mathrm{d}l}{l} + (1 + 2\mu)\frac{\mathrm{d}l}{l} = \frac{\mathrm{d}l}{l} + (1 + 2\mu)\varepsilon$$

令 $\dfrac{\mathrm{d}R/R}{\varepsilon} = K$，则：

$$K = (1 + 2\mu)\frac{\dfrac{\mathrm{d}l}{l}}{\varepsilon}$$

式中：K——金属电阻丝的相对灵敏度系数，其物理意义是单位应变所引起的电阻相对变化。

金属电阻丝的相对灵敏系数受以下两个因素影响：

(1)受力后材料的几何尺寸变化所引起的，即 $(1 + 2\mu)$ 项。

(2)受力后材料的电阻率发生变化引起的，即 $\dfrac{\mathrm{d}\rho/\rho}{\varepsilon}$ 项。

三、应变片的结构

应变片由电阻丝(敏感栅)、基底、盖层、引线和黏合剂组成(图1-7)。敏感栅由很细的电阻丝(0.01 ~ 0.05mm)或箔式金属片(厚度为 3 ~ 10μm)组成，箔式应变片可以通过更大的电流，因此灵敏度更高。

敏感栅常用下列材料制成：

（1）康铜：最常用（铜镍合金）。

（2）镍铬合金：多用于动态。

（3）镍铬铝合金：用作中、高温应变片。

（4）镍铬铁合金：用于疲劳寿命要求高的应变片。

（5）铂及铂合金：用于高温动态应变测量。

此时，电阻应变片的灵敏度系数定义为：$K_0 = \dfrac{\dfrac{\Delta R}{R}}{\varepsilon_x}$，其中 ε_x 为轴向应变。

实验证明，电阻比的应变灵敏度系数不等于电阻丝应变片的应变灵敏度系数，即 $K \neq K_0$（横向效应产生）。

图 1-8 是放大了的栅状电阻应变片及弯角部分图。

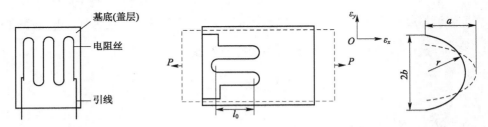

图 1-7　应变片的结构　　　　　图 1-8　放大的栅状电阻应变片及弯角部分

当应变片沿轴向（作用力 P 的方向）承受纵向应变 ε_x 时，轴向伸长，横向（垂直 P 的方向）减小，且 $\varepsilon_y = -\mu\varepsilon_x$。弯角部分（圆角部分）的电阻变化由两部分组成：一部分是纵向应变 ε_x 造成的电阻增加；另一部分是横向应变 ε_y 造成电阻减小。

经推导得：

$$K_0 = \frac{\dfrac{\Delta R}{R}}{\varepsilon_x} = K \cdot \frac{\left[n + (n-1) \cdot \dfrac{\pi r}{2l_0}(1 - \mu) \right]}{n + (n-1)\dfrac{\pi r}{l_0}}$$

式中：n——直线部分栅丝的数目；

$n - 1$——弯角部分的个数。

可见，$K_0 < K$，也就是说，应变片存在横向效应使应变片的灵敏系数小于电阻丝的应变灵敏度系数。

四、典型测量电路

1. 直流电桥的特性方程及平衡条件

在应变式电阻传感器中，最常用的转换电路是电桥电路。其作用是将应变片电阻的变化转换为电压的变化。按电源的性质不同，电桥电路可分为交流电桥和直流电桥两类。在大多数情况下，采用的是直流电桥电路。电阻电桥电路如图 1-9 所示。

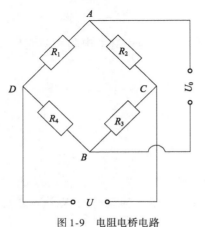

图 1-9　电阻电桥电路

电桥平衡时，$U_0 = 0$。

直流电桥的平衡条件为：$R_1 R_3 = R_2 R_4$。

设计时，常使 $R_1 = R_2 = R_3 = R_4 = R$，在未施加作用力时，应变为零，此时电桥平衡输出为零。当被测量发生变化时，无论哪个桥臂电阻受被测信号的影响发生变化，电桥平衡均会被打破，电桥电路的输出电压也将随之发生变化。输出的电压与被测量的变化成比例。当 4 个桥臂电阻都发生变化时，电桥的输出电压为：

$$U_0 = \frac{U_i}{4}\left(\frac{\Delta R_1}{R_1} - \frac{\Delta R_2}{R_2} + \frac{\Delta R_3}{R_3} - \frac{\Delta R_4}{R_4}\right)$$

考虑到 $\frac{\Delta R}{R} \approx S\frac{\Delta L}{L} \approx S\varepsilon_x$，且各个电阻应变片的灵敏度相同，则上式可写成：

$$U_0 \approx \frac{U_i}{4}S(\varepsilon_1 - \varepsilon_2 + \varepsilon_3 - \varepsilon_4)$$

根据应用要求的不同，直流电桥可接入不同数目的电阻应变片，一般有以下几种形式。

（1）双臂半桥形式电桥电路

R_1、R_2 为应变片，R_3、R_4 为普通电阻。R_1、R_2 两个应变片，一个感受拉应变、一个感受压应变，接在电桥的相邻两个臂。

$$U_0 \approx \frac{U_i}{4}\left(\frac{\Delta R_1}{R_1} - \frac{\Delta R_2}{R_2}\right) = \frac{U_i}{4}S(\varepsilon_1 - \varepsilon_2)$$

（2）单臂半桥形式电桥电路

R_1 为应变片，R_2、R_3、R_4 为普通电阻。

$$\frac{U_0}{4} \approx \frac{U_i}{4}\frac{\Delta R_1}{R_1} = \frac{U_i}{4}S\varepsilon_1$$

（3）全桥式电桥电路

R_1、R_2、R_3、R_4 均为应变片。按对臂同性的原则（同为拉应变或同为压应变）连接。

$$U_0 \approx \frac{U_i}{4}S(\varepsilon_1 - \varepsilon_2 + \varepsilon_3 - \varepsilon_4)$$

全桥形式的传感器灵敏度最高，也是最常用的一种形式。

2. 直流电桥的电压灵敏度

应变片工作时，其电阻变化很小，电桥相应输出电压也很小。要推动记录仪工作，须将输出电压放大，为此必须了解 $\Delta R/R$ 与电桥输出电压的关系。

电桥灵敏度定义为：

$$S_u = \frac{U_0}{\frac{\Delta R_1}{R_1}}$$

单臂工作应变片的电桥电压灵敏度为：

$$S_u = \frac{n}{(1+n)^2}U$$

式中：$n = \frac{R_2}{R_1}$。

3. 交流电桥的平衡条件和电压输出

Z_1、Z_2、Z_3、Z_4 为复阻抗，U 为交流电压源，开路输出电压为 U_0，根据交流电路分析（和直流电路类似）可得平衡条件为：

$$Z_1 Z_2 = Z_3 Z_4$$

设 $$Z_i = R_i + jX_i = Z_{ie}^{j\varphi_i}\ (i = 1,2,3,4)$$

式中：R_i、X_i——各桥臂电阻和电抗；

$\quad Z_i$、φ_i——各桥臂复阻抗的模和幅角。

因此，交流电桥的平衡条件必须同时满足：

$$Z_1 Z_2 = Z_3 Z_4,\ \varphi_1 + \varphi_3 = \varphi_2 + \varphi_4$$

或 $$R_1 R_3 - R_2 R_4 = X_1 X_3 - X_2 X_4,\ R_1 X_3 + R_3 X_1 = R_2 X_4 + R_4 X_2$$

交流电桥如图 1-10 所示。

电桥的调平就是确保试件在未受载、无应变的初始条件下，应变电桥满足平衡条件（初始输出为零）。在实际的应变测量中，由于各桥臂应变计的性能参数不可能完全对称，加之应变计引出导线的分布电容（其容抗与供桥电源频率有关，见图 1-11），严重影响着交流电桥的初始平衡和输出特性。因此，交流电桥平衡时，必须同时满足电阻和电容平衡两个条件。即：

$$R_1 R_3 = R_2 R_4,\ R_3 C_2 = R_4 C_1$$

对全等臂电桥，上式即为：

$$R_1 = R_2 = R_3 = R_4,\ C_1 = C_2$$

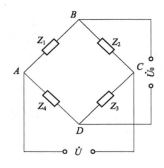

图 1-10　交流电桥

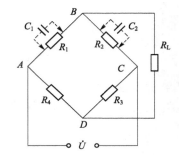

图 1-11　交流电桥分布电容的影响

五、电阻应变片温度误差及补偿

理想情况下，$\dfrac{\Delta R}{R} = f(\varepsilon)$，即应变片的输出电阻是应变的一元函数；但实际上，应变片输出电阻还和温度有关，即 $\dfrac{\Delta R}{R} = g(\varepsilon, t)$。

因此，如果对温度变化引起的电阻相对变化不加补偿，则应变片几乎不能应用。

温度变化引起电阻变化的原因主要有以下两点：

1. 电阻丝电阻本身就是温度的函数

$$R_{t1} = R_{t0} = (1 + a_0 \Delta t)$$

式中：a_0——温度系数；

$\quad R_{t1}$、R_{t0}——分别为 t_1、t_0 温度下的电阻值；

$\quad \Delta t$——$\Delta t = t_1 - t_0$，为温差。

因此，$\Delta R_{t1} = \Delta t \cdot a_0 \cdot R_t$。

2. 试件材料与应变片材料热膨胀系数不同

在应变片贴在试件上时,随着温度的变化,试件会伸长或缩短,应变片也会伸长或缩短,但由于两种材料热膨胀系数不同,其伸长或缩短的大小也不同,所以会产生附加变形而引起电阻的变化。其电阻增量表达式为:

$$\Delta R_\beta = R_{t_0} k_0 (\beta_g - \beta_s) \cdot \Delta t$$

式中:ΔR_β——由热膨胀系数不同产生的电阻增量;

β_g、β_s——分别为试件、电阻丝的(长度)热膨胀系数。

电阻应变片的温度误差可以采用敏感栅热处理或采用两种温度系数的材料相互补偿的方法。但最常用的方法是电桥补偿法,如图 1-12 所示。

若初始电阻 $R_1 = R_2 = R_3 = R_4$,则电桥输出电压与各桥臂电阻间的增量表达式为:

$$\Delta U_{ab} = \frac{U}{4}\left(\frac{\Delta R_1}{R_1} - \frac{\Delta R_2}{R_2} + \frac{\Delta R_3}{R_3} - \frac{\Delta R_4}{R_4}\right)$$

因为每一个桥臂电阻变化场由两部分组成:一部分是应变引起的,另一部分是温度引起的,则有:

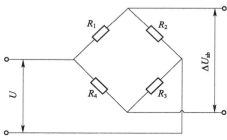

图 1-12　电桥补偿法

$$\frac{\Delta R_i}{R_i} = k_0 \varepsilon x_2 + \frac{\Delta R_{ti}}{R_t}(i = 1, 2, 3, 4)$$

$$\Delta U_{ab} = \frac{U}{4}\left[K_0(\varepsilon_{x1} - \varepsilon_{x2} + \varepsilon_{x3} - \varepsilon_{x4}) + \frac{\Delta R_{t1}}{R_1} - \frac{\Delta R_{t2}}{R_2} + \frac{\Delta R_{t3}}{R_3} - \frac{\Delta R_{t4}}{R_4}\right]$$

由上式可见,若桥臂电阻均在同一温度场,各桥臂电阻同批制造,材料规格、工艺均相同,则由温度变化引起的电阻相对变化相互抵消,且不在电桥输出中反映。

半桥、差动半桥和全桥电路图如图 1-13 ～图 1-15 所示。

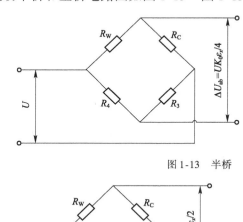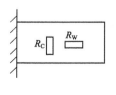

图 1-13　半桥

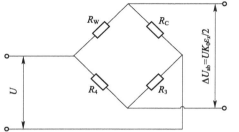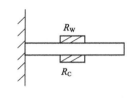

图 1-14　差动半桥

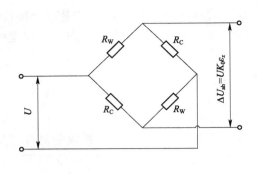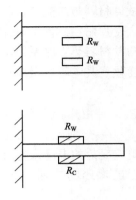

图 1-15　全桥

六、应变片的主要参数

为了更好地使用应变片,还须了解应变片的主要参数。

1.几何尺寸

应变片的几何参数有敏感栅的基长、基宽,应变片的基底长和基底宽。

一般根据粘贴和定向方便及散热考虑进行选择。

2.应变片的初始电阻 R

应变片的初始电阻 R 指应变片在未粘贴以前,在室温下测得的电阻。它是使用中必须知道的参数,绝大多数应变片的阻值为 60Ω、120Ω、200Ω、350Ω、600Ω 或 1000Ω,其中最常用的是 120Ω 应变片。

3.绝缘电阻

绝缘电阻指敏感栅与基底间的电阻值。若阻值过低,会造成因应变片与试件之间的漏电而产生误差。

4.允许工作电流

允许工作电流也就是最大工作电流,是指允许通过应变片而不影响其工作特性的最大电流值。电流大则输出大,但因电流过大产生发热则会导致温度误差和漂移。

5.机械滞后

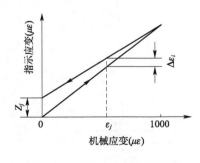

图 1-16　应变计的机械滞后特性

实用中,由于敏感栅基底和黏结剂材料性能,或使用中的过载、过热,都会使应变计产生残余变形,导致应变计输出的不重合。这种不重合性用机械滞后(Z_j)来衡量。它是指粘贴在试件上的应变计,在恒温条件下增(加载)、减(卸载)试件应变的过程中,对应同一机械应变所指示应变量(输出)的差值,如图 1-16 所示。通常在室温条件下,要求机械滞后 $Z_j < 10\mu\varepsilon$ 。实测中,可在测试前通过多次重复预加、卸载,来减小机械滞后产生的误差。

6.蠕变和零漂

粘贴在试件上的应变计,在恒温恒载条件下,指示应变量随时间单向变化的特性称为蠕变。当试件初始空载时,应变计示值仍会随时间变化的现象称为零漂,如图 1-17 中的 P_0 所示。蠕变反映了应变计在长时间工作中对时间的稳定性,通常要求 $\theta < 15\mu\varepsilon$。引起蠕变的主要原因是,制作应变计时内部产生的内应力和工作中出现的剪应力,使丝栅、基底,尤其是胶层之间产生的"滑移"所致。选用弹性模量较大的黏结剂和基底材料,适当减薄胶层和基底,并使之充分固化,有利于蠕变性能的改善。

7. 应变极限

应当知道,应变计的线性(灵敏系数为常数)特性,只有在一定的应变限度范围内才能保持。当试件输入的真实应变超过某一限值时,应变计的输出特性将出现非线性。在恒温条件下,使非线性误差达到10%时的真实应变值,称为应变极限,如图1-18所示。应变极限是衡量应变计测量范围和过载能力的指标,通常要求 $\varepsilon_{\lim} \geqslant 8000\mu\varepsilon$。影响 $\varepsilon_{\lim}$ 的主要因素及改善措施与蠕变基本相同。

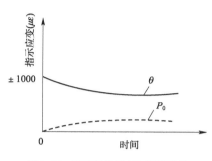
图 1-17 应变计的蠕变和零漂特性

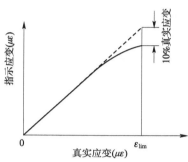
图 1-18 应变计的应变极限特性

七、样例:简易电子秤的设计及制作

1. 设计的任务与要求

用学过的传感器设计并制作一个能测量质量的装置,并能测量不大于 1kg 的物体,误差小于 $\pm 1\%$。

设计分四个模块:电源模块、数据采集及放大模块、模数(A/D)转换模块、显示模块。本电路应用压敏电阻构成秤重电桥来采集电压的微小变化,经过仪表放大器 AD623 组成的放大电路放大后送入 A/D 转换芯片 ICL7107,将输入电压信号进行转换成数字量输出;显示模块直接连接数码管,显示实际测量值。外部电路非常简单,方便制作。

(1)画出电路原理图(或仿真电路图)。

(2)元器件及参数选择。

(3)编写设计报告并写出设计的全过程,附上有关资料和图纸。

2. 方案论证与选择

方案一:通过秤重电桥产生电压信号,经放大电路把信号放大后输入 A/D 转换芯片 ICL7107 进行 A/D 转换,由于此芯片可直接用于数字显示,故转换后的数字量直接用数码显示器进行显示。此方案的优点是外部电路非常简单,但能实现较高的精度。缺点是无法对 A/D 转换进行控制,其电路方框图如图1-19所示。

方案二:通过秤重电桥产生电压信号,再经放大电路把信号放大后输入 A/D 转换芯片 AD7799 进行 A/D 转换,转换后的数字量输入单片机,由单片机进行数据处理和对 A/D 转换的控制,再由单片机输出显示信号,通过显示电路进行显示。此方案的优点是可控性好,电路简单。缺点是数据量大且存储器存储容量有限,单片机需要编写程序进行数据处理,而且外围电路比方案一复杂,故一般不采用。其电路方案框图如图 1-20 所示。

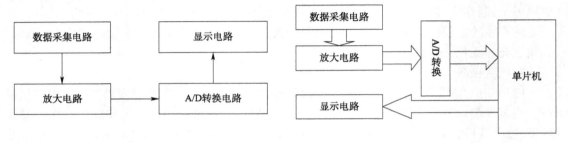

图 1-19　数字电子秤方案一框图　　　　　　图 1-20　数字电子钟方案二框图

3. 电路与元器件选择

（1）传感器及测量电路选择

电阻应变式传感器是将被测量的力,通过它产生的金属弹性变形转换成电阻变化的元件。由电阻应变片和测量线路两部分组成。

常规的电阻应变片 K 值很小,约为 2,机械应变为 0.000001 ~ 0.001,所以,电阻应变片的电阻变化范围为 0.0005 ~ 0.1Ω。因此,测量电路应当能精确测量出很小的电阻变化,在电阻应变传感器中常用的是桥式测量电路。

桥式测量电路有四个电阻,其中任何一个都可以是电阻应变片电阻,电桥的一条对角线接入工作电压 +6V,另一条对角线接入输出电压 -6V。其特点是:当四个桥臂电阻达到相应的关系时,电桥输出为零,否则就有电压输出,可利用灵敏检流计来测量,所以电桥能够精确地测量微小的电阻变化。

测量电路是电子秤设计电路中一个重要的环节,我们在制作的过程中应尽量选择好元件,调整好测量范围的精确度,以减小测量数据的误差。

（2）放大电路的选择

传感器输出电压为毫伏级,而 A/D 转换器所能处理的电压是 0 ~ 5V,所以必须在 A/D 转换器前加入一个前置差动放大电路以实现电压的放大,放大倍数为 100 ~ 200 倍,使输出电压为 0 ~ 5V。

选用 AD623 单电源仪表放大器能在单电源（ +3 ~ +12V）下提供满电源幅度的输出,当它工作于双电源（ ±2.5 ~ ±6V）时,仍能提供优良的性能。输入信号加到作为电压缓冲器的 PNP 晶体管上,并且提供一个共模信号到输入放大器,每个放大器接入一个精确的 50kΩ 的反馈电阻,以保证增益可编程。差分输出为:

$$U_0 = \left[1 + \frac{100}{R_G}\right] U_C$$

差分电压通过输出放大器转变为单端电压。

单运放在应用中要求外围电路匹配精度高、增益调整不便、差动输入阻抗低。

仪表放大器结构具有差动输入阻抗高、共膜抑制比高、偏置电流低等优点,且有良好的温度稳定性,低噪单端输出且增益调整方便,适于在传感器电路中应用。

如图 1-21 所示,是 OP07 组成的三运放结构,实际 AD623 内部也是三运放结构。

（3）A/D 转化器的选择

一个电子秤系统最重要的参数是内部分辨率、ADC 动态范围、无噪声分辨率、更新速率、系统增益和增益误差漂移。该系统必须设计成比率工作方式,因此它与电源电压波动无关。

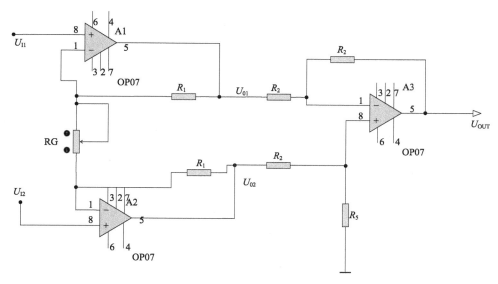

图 1-21　放大电路硬件原理图

ICL7106 和 ICL7107 是高性能、低功耗三位半数字 A/D 转电路。它包含七段译码器、显示驱动器、参考源和时钟系统。ICL7107 可直接驱动数码管,具有低于 $10\mu V$ 自动校零功能,零漂小于 $1\mu V/℃$ 低于 10pA 的输入电流,极性转换误差小于一个字。由于两个输入端最大承受电压为 200mV,因此要实现最大值为 2000mV 的显示可以用以下分压形式(本设计所采用的)。如图 5 所示,ICL7107 型 A/D 转换器是把模拟电路与数字电路集成在一块芯片上的大规模的 CMOS 集成电路,它具有功耗低、输入阻抗高、噪声低,能直接驱动共阳极 LED 显示器,不需另加驱动器件,使转换电路简化等特点。

由于所选用的芯片 ICL7107 已经具有译码功能,故在显示时只需要接上数码显示器即可用于显示。

(4)数码显示电路的选择

由于 A/D 转化选择的 ICL7107,所以显示部分直接接入四个共阳极数码管即可,简单方便,容易操作。这样可以避免外接电路复杂的情况,同时也能很准确地显示出当前物体的质量。

(5)电源模块

集成三端稳压芯片 LM7805 具有较高的精确度,加上电容的滤波,对电路可以提供比较稳定的电压。中电路提供 +5V 的电源,主要用于电桥数据采集、信号放大电路、A/D 芯片(ICL7107)、数码显示。

(6)放大、零位调整电路

这个电路主要是增加了由两个运算放大器(简称运放)及电阻 RG 和 RF 组成的放大电路。通过调节 RG 和 RF 的值,就可以获得所需要的增益,配合 ICL7107 提供的最大增益,可以将输入信号放大到所需要的幅度。选择运放时要注意,由于输入信号的幅度很小,因此对运放的噪声性能和失调电压要求非常高,应选择低噪声、低失调的运算放大器,原理如图 1-22 所示。

(7)A/D 转换模块

利用 ICL7107A/D 转换器组装成 3.5 位数字电路,外围元件的作用是:

①R_2、C_1 为时钟振荡器的 RC 网络。

②R_3、R_4 是基准电压的分压电路。R_2 使基准电压 $U_{REF} = 1V$。

27

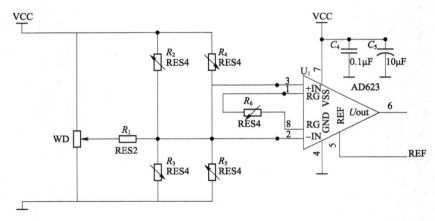

图 1-22　数据采集、放大电路原理图

③R_5、C_4 为输入端阻容滤波电路,以提高电压表的抗干扰能力,并能增强其过载能力。

④C_2、C_5 分别为基准电容和自动调零电容。

⑤R_1、C_3 分别为积分电阻和积分电容。

⑥ICL7107 的第 21 脚(GND)为逻辑地,第 37 脚(TEST)经过芯片内部的 500Ω 电阻与 GND 接通。

⑦芯片本身功耗小于 15mW(不包括 LED),能直接驱动共阳极的 LED 显示器,不需要另加驱动器件,在正常亮度下每个数码管的全亮笔画电流为 $40\sim50$mA。

⑧ICL7107 没有专门的小数点驱动信号,使用时可将共阳极数码管的公共阳极接 V +,小数点接 GND 时点亮,接 V + 时熄灭。

A/D 转换原理如图 1-23 所示。

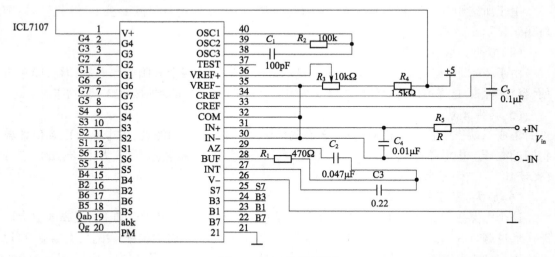

图 1-23　A/D 转换原理图

(8)数码显示电路

由于所选用的芯片 ICL7107 已经具有译码功能,故在显示时只需要接上数码显示器即可用于显示。其电路如图 1-24 所示。

4. 制作用的元器件清单

制作中所用到的元器件如表 1-1 所示。

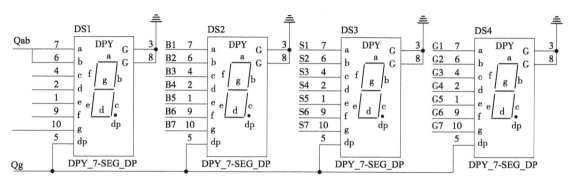

图 1-24 数码显示电路

元 器 件 清 单

表 1-1

器 件 名 称	个 数	器 件 名 称	个 数
应变片	4个	0.1μF	1个
电阻	3个	10 微法电容	1个
电位器	2个	数字表	1个
LM7805	1个	502	1管
电源	1个	LM7905	1个
AD623	1个	ICL7107	1个

制作：电子秤设计及制作方案

工具准备	
电路设计	
原理阐述	
硬件清单	

任务二　电阻应变片实验验证

一、实验目的

了解直流全桥的应用及电路的定标。

二、实验仪器

传感器试验台。

三、实验原理

电阻应变片(电子秤)实验原理是通过调节放大电路对电桥输出的放大倍数使电路输出电压值为质量的对应值,电压量纲(V)改为质量量纲(g)即成一台比较原始的电子秤。

四、仿真实验

(1)连接虚拟实验模板上的 ±15V 电源导线。将红、黑、蓝三个插针分别拉到相应的插孔处,若正确,则连线提示状态框提示"连线正确",反之则提示"连线错误,请重新连线"。每次连线正确与否,都有提示。

(2)连接作图工具两端到 Uo2 输出端口,并点击作图工具图标,弹出作图工具窗口,如图 1-25 所示。

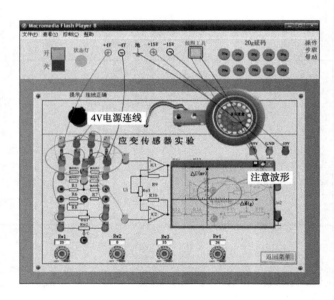

图 1-25　作图工具窗口

(3)打开图 1-25 中左上角的电源开关,指示灯呈黄色。

(4)当 15V 电源和示波器导线连接正确后,在由 X、Y 轴构成的作图框中的 Y 轴上将出现一个红色基准点。

(5)调节 Rw3 到某值,再调节 Rw4 将红色的基准点调节到坐标轴原点位置,此时部分连线将自动完成。

(6)连接虚拟实验模板上的±4V电源线,红色基准点再次偏离原点,调节 Rw1,将红色零点调回原点位置(正确接线如图 1-21 所示)。

(7)将虚拟实验模板上的砝码逐个拖到托盘上,作图框中将逐段输出波形。

注意:若有导线未连,则砝码无法拖动,同时波形输出后,电位器将不可再调节,如要调节,则需重新做实验。

(8)点击作图框中的"保存",保存已知质量砝码的输出波形(保存的波形为蓝色),将托盘上的砝码逐个放回原位。

(9)将未知质量的物体拖到托盘上,则输出一段(红色)波形,比较红、蓝两输出波形即可估计未知物体的质量,此为本实验目的。

(10)如果对本次实验不满意,可点击电源开关的"关",则所有的控件、按钮恢复初始状态,即可重新做实验。

(11)如果想结束本实验,则点击虚拟实验模板右下角的"返回菜单",即可返回主菜单界面,或直接关闭本 flash。

五、实验内容与步骤

(1)按实验步骤接好线并将差动放大器调零。

(2)将 10 只砝码置于传感器的托盘上,调节电位器 Rw3(满量程时的增益),使数显电压表显示为 0.200V(2V 档测量)。

(3)拿去托盘上所有砝码,观察数显电压表是否显示为 0.000V,若不为零,再次将差动放大器调零和加托盘后电桥调零。

(4)重复(2)、(3)步骤,直到精确为止,把电压量纲(V)改为质量量纲(g)即可以称重。

(5)将砝码依次放到托盘上并读取相应的数显表值,直到 200g 砝码加完,计下实验结果,填入表 1-2。

实验结果记录表   表 1-2

组别	质量(g)									
第一组	正行程(V)									
	反行程(V)									
第二组	正行程(V)									
	反行程(V)									

(6)去除砝码,托盘上加一个未知的重物(不超过 1kg),记录电压表的读数。根据实验数据,求出重物的质量。

(7)实验结束后,关闭实验台电源,整理好实验设备。

六、实验报告

根据实验记录的数据,计算电子秤的灵敏度 $S = \Delta U / \Delta W$,非线性误差 δ_f 为 4。

任务三　行动计划书

项目名称					
项目背景					
项目目标					
项目任务					
项目组织	组长		职责		
	成员1		职责		
	成员2				
任务推进	（此处需要将总任务进行分解，对项目成员的职责进行任务转换，可在此处列出总体，需要另行设计细化的推进表。）				
沟通记录	（此处只列出个别重要记录，其他需要职责为沟通协调任务的成员另行详细记录。）				
项目总结	（此处只列出项目总结提纲，详细总结需要体现在项目设计文本中。）				

注：本行动计划书仅为参考样例，在教学实施过程中，根据学生各小组特点，可进行改造，同时要不断细化。行动计划书是整个项目过程控制、实施的记录性材料，将是任务完成的参考材料之一。

项目二　角位移测量仪设计与制作

某公司为便于太阳能路灯安装并进行研究,需要对电池板角度不断进行测量和激励相关数据,该公司邀请你参与到课题当中,请设计一款精度等级不低于 1.5 的角位移测量系统。

任务一　角位移测量仪电路设计

电容式传感器是指能将被测物理量的变化转换为电容变化的一种传感元件。电容式传感器的应用技术近几十年来有了较大的进展,由于电容式传感器的结构简单,分辨率高,工作可靠,可实现非接触测量,并能在高温、辐射、强烈振动等恶劣条件下工作,易于获得被测量与电容量变化的线性关系,因此广泛应用于力、压力、压差、振动、位移、加速度、液位、料位、成分含量等物理量的检测。

一、电容式传感器的工作原理

用两块金属平板作电极可构成最简单的电容器,当忽略边缘效应时,电容量为:

$$C = \frac{\varepsilon S}{d} = \frac{\varepsilon_0 \cdot \varepsilon_r \cdot A}{d}$$

式中:C——电容量;

　　A——极板间相互覆盖的面积;

　　d——两极板间距离;

　　ε——两极板间介质的介电常数;

　　ε_0——真空的介电常数;

　　ε_r——介质的相对介电常数,$\varepsilon_r = \dfrac{\varepsilon}{\varepsilon_0}$,对于空气介质 $\varepsilon_r \approx 1$。

可见,$C = f(\varepsilon, d, S)$。当被测参数变化引起 ε、A、d 中任何一个发生变化时,都将引起 C 的改变。

若保持其中两个参数不变,通过被测量的变化改变其中的一个参数,就可把该参数的变化转换为电容量的变化。这就是电容传感器的基本工作原理。

根据被测参数的变化,电容式传感器可分为:变极距型电容传感器(d),变面积型电容传感器(A),变介质型电容传感器(ε)。其主要的应用结构如图 2-1 所示。

二、变面积型电容传感器

设两矩形极板间覆盖面积为 A,当动极板移动 Δx,则面积 A 发生变化,电容量也改变。变面积型电容传感器如图 2-2 所示。

$$C = \frac{\varepsilon b \cdot (a - \Delta x)}{d} = C_0 - \frac{\varepsilon b}{d} \cdot \Delta x$$

$$\Delta C = C - C_0 = -\frac{\varepsilon b}{d} \cdot \Delta x$$

灵敏度 $$k = -\frac{\Delta C}{\Delta x} = \frac{\varepsilon b}{d}\left(= \frac{C_0}{a} \right)$$

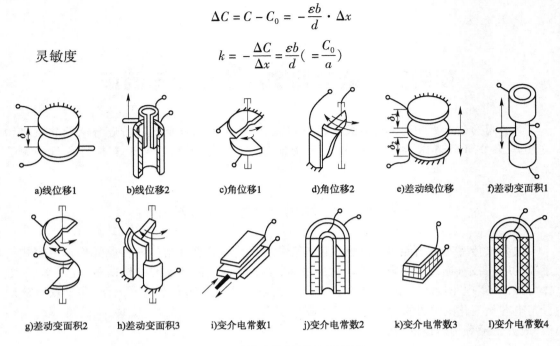

a)线位移1 b)线位移2 c)角位移1 d)角位移2 e)差动线位移 f)差动变面积1

g)差动变面积2 h)差动变面积3 i)变介电常数1 j)变介电常数2 k)变介电常数3 l)变介电常数4

图 2-1　电容式传感器常见应用结构

三、变介电常数型电容传感器

1. 类型 1

变介电常数型电容传感器 1 如图 2-3 所示。被测液体的液面在电容式传感器元件的两同心圆柱形电极间变化时,引起极间不同介电常数的高度发生变化,导致电容的改变。

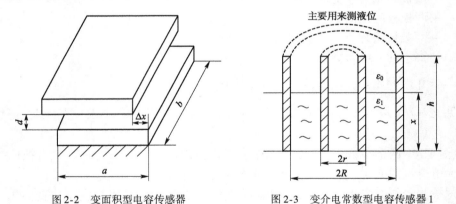

图 2-2　变面积型电容传感器   图 2-3　变介电常数型电容传感器 1

$$C = \frac{2\pi\varepsilon_0 h + 2\pi(\varepsilon_1 - \varepsilon_0)x}{\ln\frac{R}{r}}$$

式中: ε_1 ——液体介质介电常数(F/m);

  ε_0 ——空气中介电常数(F/m);

  h ——电极板总长度(m);

r——内电极板外径(m);

R——外电极板内径(m);

x——液面高度;

可见,输出电容 C 与液面高度 x 呈线性关系。

2. 类型2

当某种介质在两固定极板间运动时,电容输出与介质参数之间的关系为:

$$C = \frac{\varepsilon_0 S}{\delta - d + \dfrac{d}{\varepsilon_r}}$$

式中:d——运动介质的厚度(m)。

可见,若厚度 d 保持不变,介电常数 ε_r 改变(如湿度变化),可做成湿度传感器;若 ε_r 不变,可做成测厚传感器。

变介电常数型电容传感器2 如图2-4所示。

四、变极板间距型电容传感器

变极板间距型电容传感器如图2-5所示。若极板间距减小 Δd,则电容将增大 ΔC。

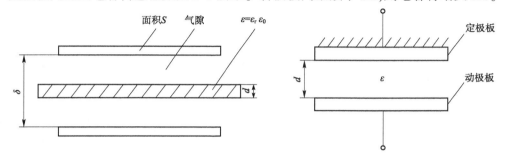

图2-4 变介电常数型电容传感器2　　　图2-5 变极板间距型电容传感器

$$\Delta C = C - C_0 = \frac{\varepsilon S}{d - \Delta d} - \frac{\varepsilon S}{d} = C_0 \left(\frac{d}{d - \Delta d} - 1 \right) = C_0 \left(\frac{\Delta d}{d - \Delta d} \right)$$

$$\frac{\Delta C}{C_0} = \frac{\dfrac{\Delta d}{d}}{1 - \dfrac{\Delta d}{d}}$$

$\Delta d \ll d$ 时,展开级数形式为:

$$\frac{\Delta C}{C_0} = \frac{\Delta d}{d} \left[1 + \frac{\Delta d}{d} + \left(\frac{\Delta d}{d} \right)^2 + \left(\frac{\Delta d}{d} \right)^3 + \cdots \right]$$

因 $\dfrac{\Delta d}{d} \ll 1$,忽略高次项,$\dfrac{\Delta C}{C_0} \approx \dfrac{\Delta d}{d}$。

上式表明,在 $\dfrac{\Delta d}{d} \ll 1$ 条件下,电容的变化 ΔC 与极板间距变化量 Δd 近似呈线性关系。

(1)欲提高灵敏度,应减小间隙 d,但受电容器击穿电压的限制。

(2)非线性随相对位移的增加而增加,为保证一定的线性度,应限制动极板的相对位移量,$\dfrac{\Delta d}{d} = 0.02 \sim 0.1$。

（3）为改善非线性，可以采用差动式。

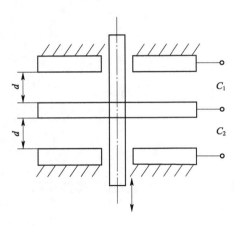

图 2-6　差动式变极板间距型电容传感器

差动式变极板间距型电容传感器如图 2-6 所示。动片上移 Δd_1，则 C_1 增大，C_2 减小，初始电容用 C_0 来表示，则：

$$C_1 = C_0\left[1 + \frac{\Delta d}{d} + \left(\frac{\Delta d}{d}\right)^2 + \left(\frac{\Delta d}{d}\right)^3 + \cdots\right]$$

$$C_2 = C_0\left[1 - \frac{\Delta d}{d} + \left(\frac{\Delta d}{d}\right)^2 - \left(\frac{\Delta d}{d}\right)^3 + \cdots\right]$$

差动电容器输出：

$$\Delta C = C_1 - C_2 = C_0\left[2\frac{\Delta d}{d} + 2\left(\frac{\Delta d}{d}\right)^3 + \cdots\right]$$

忽略高次项，$\frac{\Delta C}{C_0} \approx 2\frac{\Delta d}{d}$。

灵敏度提高 1 倍，非线性误差减小。

五、影响电容式传感器精度的因素及提高精度的措施

1. 温度对电容式传感器的影响

（1）环境温度的改变将引起电容式变换器各零件几何尺寸的改变，从而导致电容极板间隙或面积发生改变，产生附加电容变化。这一点对于空间隙电容式传感器来说更显重要，因为初始间隙都很小，在几十微米至几百微米之间。温度变化使各零件尺寸变化，可能导致对本来就很小的间隙产生很大的相对变化，从而引起很大的特性温度误差。

为减小这种误差，一般尽量选取温度系数小和温度系数稳定的材料。如绝缘材料采用石英、陶瓷等，金属材料选用低膨胀系数的镍铁合金。或极板直接在陶瓷、石英等绝缘材料上蒸镀一层金属膜来代替。还可采用差动对称结构，并在测量线路中对温度误差加以补偿。

（2）温度变化对介质介电常数的影响。使传感器电容改变，带来温度误差。温度对介电常数的影响随介质不同而异。

这种温度误差可用后接的测量线路进行一定的补偿，而完全消除是困难的。

2. 漏电阻的影响（绝缘性能）

电容变换器的容抗都很高，特别是在激励电压频率较低时，在与测量线路配接时，当两极板间总的漏电阻若与容抗相近，就必须考虑分路作用对系统总灵敏度的影响。这主要是采用高质量的绝缘材料及采用合理的结构加以解决。

3. 边缘效应与寄生参量的影响

（1）边缘效应

理想条件下，平行板电容器的电场均匀分布于两相极所围成的空间，这仅是简化电容量计算的一种假定。当考虑电场的边缘效应时，情况要复杂得多，边缘效应的影响相当于传感器并联一个附加电容，引起了传感器灵敏度下降和非线性增加。

①为克服边缘效应，首先应增大初始电容量 C_0，即增大极板面积，减小极板间距（结构上）。

②在结构上增设等位环来消除边缘效应（图 2-7）。

等位环安放在上面电极外，且与上电极绝缘组等电位，这样就能使上电极的边缘电力线平直，两极间电场基本均匀。而发散的边缘电场发生在等位环的外固不影响工作。

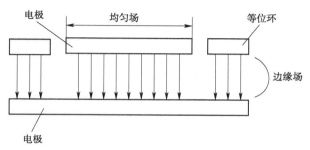

图 2-7　边缘效应的消除

（2）寄生参量

一般电容传感器电容值很小，如果激励频率较低，则电容传感器的容抗很大，因此对传感器绝缘电阻要求很高；另一方面，变换器电容极板并联的寄生电容也会带来很大的影响，为克服其影响，采用驱动电缆法（图 2-8）。

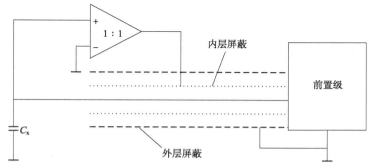

图 2-8　驱动电缆法

在电容传感器与测量线路前置极间采用双层屏蔽电缆。这种接法使传输电缆的芯线与内层屏蔽等电位，消除了芯线对内层屏蔽的容性漏电，从而消除了寄生电容的影响。同时放大器的高输入阻抗又起到阻抗匹配的作用。

六、样例：角位移测量仪案例电路及分析

角位移测量仪的设计，必须是通过采集一定量值的角度变化信号，然后把该信号转化为物理信号，使得这些变化的物理信号能够表达角位移的变化。要得出该角位移的变化量值，就需要通过相应的硬件电路来处理物理量并且显示出来。在硬件设计中一般的物理信号就是电压变化，有了这个系统的设计思路，就此开始实施。

1. 电容角位移测量仪的结构

角位移测量仪是利用电容传感器作为变换元件，把采集到的由角位移变化而引起的电容变化量转换成电信号，用电子仪表进行测量和显示的装置。本系统的组成包括电容传感器、信号处理、单片机电路、液晶显示、电源等部分。

（1）电容传感器

电容传感器即将非电量（角度）转换成电量的转换元件，它由发射极板、反射（标尺）极板和屏蔽极板组成，它可以将接收到的角度值变化按一定的函数关系（通常是线性关系）转换成便于测量的物理量（如电压、电流或频率等）输出。

（2）信号处理

信号处理即处理电容传感器采集到的低频信号的模拟电路（包括放大、滤波、整形等）。

（3）单片机电路

单片机电路即利用单片机自身的中断计数功能对输入的脉冲电平进行运算得出角位移（包括 AT89C51、外部晶振、外部中断等）。

（4）液晶显示

液晶显示即把单片机计算得出的结果用 LCD 液晶显示屏显示，便于直接准确无误的读出数据。

（5）电源

电源即向电容传感器、信号处理、单片机提供的电源，可以是 5～9V 的交流或直流的稳压电源。

2. 角位移测量仪的总体设计

（1）总体概述

本次角位移测量系统的设计采用圆容栅测量方案。它的基本测量部分是一个差动电容器，作用是利用电容的电荷耦合方式将机械位移量转变成为电信号的相应变化量，将该电信号送入电子电路，再经过一系列变换和运算后显示出机械位移量的大小。基于电容式角位移测量系统，系统主要分为容栅传感器的角度检测电路、容栅传感器信号调理电路、单片机信号处理电路以及液晶显示部分。本设计的主要应用就是角位移的检测，利用的主要测量电路即为容栅传感器，容栅传感器输出的信号与所需测量的角度有一定的对应关系，因此可以利用此关系式求得被测角度，再加以辨向即可。

（2）工作原理

本设计采用单片机 STC89C52 为控制核心，实现角位移测量仪的基本测量功能。测量仪的结构图如图 2-9 所示。

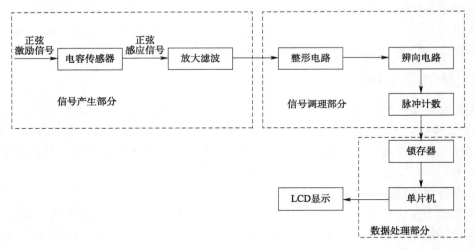

图 2-9　系统结构图

当外部角度变化时，引起电容传感器的电容值发生变化，经电容传感器变换电路输出随角度变化的正弦信号。该信号经放大、整形微分后输出脉冲信号，将该脉冲信号输入单片机电路，对脉冲信号进行计数转换处理后把结果送到 LCD 显示。

3. 测量系统硬件电路总体设计方案

通过上面的讨论，在研究容栅传感器测量原理的基础上，以 STC89C52RC 单片机为核心设计了角位移测量仪。系统的硬件结构图如图 2-10 所示。

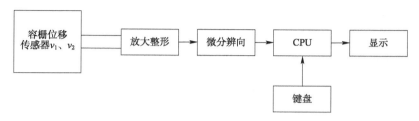

图 2-10　系统硬件结构图

STC89C52RC 单片机作为 CPU 控制整个系统的运行,并执行所有的数据处理与运算;放大整形电路将容栅尺的输出信号转换为同频率的矩形波,当栅尺发生相对移动时该矩形波也会发生相应的变化,将该矩形波进行微分处理送入辨向电路中,然后单片机对其输出的尖脉冲做可逆计数,并转换运算得出当前位移值后输出显示;系统的键盘用于异步清零操作和角度/弧度转换操作。

4. 系统器件选择方案

(1)控制器的选择

单片机作为系统的控制核心,容栅尺的输出信号经放大、整形以及微分辨向后送入单片机进行计数,单片机还要将脉冲运算转换成位移值以及与输出设备,为保证数据采集的正确和转换的实时,单片机需要有一定的存储空间和运行速度。

方案一:选用 AVR 单片机,它是 ATMEL 公司生产的一款 8 位单片机,与 8051 相比,它的运行速度更快、功耗更低、内部集成了更多的功能。但是 AVR 的引脚配置、封装和 8051不兼容,内部结构、开发工具也不相同,需要重新学习,花费时间较长。

方案二:选用 AT89C52 单片机,它是 ATMEL 公司生产的 8 位单片机。AT89C52 是一个低电压,高性能 CMOS8 位单片机,兼容标准 MCS-51 指令系统,可以用于较复杂系统的控制应用场合。但是 AT89C52 不带 ISP 下载,要用下载器才行,这样就为设计带来了不便。

方案三:选用 STC89C52 单片机,它是 STC 公司生产的 8 位单片机。STC89C52 系列单片机的指令系统和 AT89C52 系列的完全兼容,且执行指令的速度较快,对工作环境的要求较低。

比较上述三种选择方案,选用单片机 STC89C52。

(2)运算放大器的选择

运算放大器作为信号调理部分的主要元器件,它的选择关乎系统设计的成败。对运算放大器的选择主要考虑以下几点:

①传感器输出信号的情况,对微小信号来说一般要求放大器有较高的输入阻抗。

②运算放大器本身的噪声和抗干扰能力。

③放大器的带宽,对于交流信号来说这点至关重要。

④共模信号的抑制能力。

本次设计采用 LM324。LM324 是一种低功耗、高增益的放大器,增益带宽积可达1.2MHz,特别适合做小信号的前置放大级,经 LM324 放大后的小信号失真度很小,可以把系统误差控制在系统设计要求的范围。

(3)数显器件的选择

方案一:用 LED 数码显示,LED 数码管以发光二极管作为发光单元,有红、黄、蓝、绿、黄、绿等几种颜色,对比度高。本次设计显示的范围为 0 ~ 360°,精度为 0.5°,需采用四位数码管,考虑到单片机的驱动能力以及占用的单片机接口较多,不采用这种显示方式。

方案二：选用 LCD 液晶屏显示，液晶屏使用寿命长、响应快、功耗低、视觉效果直观，可以显示文字、图形等。考虑到其操作方便灵活，故选择液晶显示。

比较上述两种选择方案，选用单片机 LCD 液晶屏显示。

5. 程序设计

在容栅角位移测量系统中，CPU 需要将系统的各个器件初始化，对脉冲进行可逆计数，将脉冲数转换为位移值，并将位移值输出显示，此外 CPU 还需要完成必要的键盘操作。在本系统的设计过程中，程序根据实际情况做了多次优化和修改，主程序流程图见图 2-11。

键盘是容栅角位移测量仪所必备的，通过键盘可实现显示清零、角度/弧度转换的功能，可以使容栅角位移测量仪的使用更加灵活、方便。键盘检测子程序图见图 2-12。

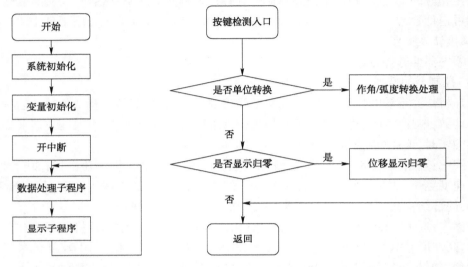

图 2-11　主程序流程图　　　　　　图 2-12　键盘中断子程序流程图

脉冲计数处理是本系统的关键，容栅尺的输出信号经放大整形辨向处理后的尖脉冲，送入单片机计数。可逆计数接外部中断 0 和外部中断 1，计数中断子程序图见图 2-13。

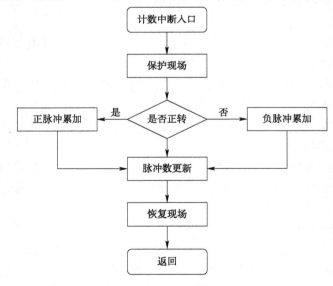

图 2-13　计数中断子程序流程图

工具准备	
电路设计	
原理阐述	
硬件清单	

任务二　电容式传感器实验验证

一、实验目的

了解电容传感器的结构及特点。

二、实验仪器

电容传感器、电容传感器模块、测微头、数显直流电压表、直流稳压电源、绝缘护套。

三、实验原理

电容式传感器是指能将被测物理量的变化转换为电容量变化的一种传感器它实质上是具有一个可变参数的电容器。利用平板电容器原理：

$$C = \frac{\varepsilon S}{d} = \frac{\varepsilon_0 \cdot \varepsilon_r \cdot S}{d}$$

式中:S——极板面积;

d——极板间距离;

ε_0——真空介电常数;

ε_r——介质相对介电常数。

由此可以看出当被测物理量使 S、d 或 ε_r 发生变化时,电容量 C 随之发生改变,如果保持其中两个参数不变而仅改变另一参数,就可以将该参数的变化单值地转换为电容量的变化。所以电容传感器可以分为三种类型:改变极间距离的变间隙式,改变极板面积的变面积式和改变介质电常数的变介电常数式。这里采用变面积式(图 2-14),两只平板电容器共享一个下极板,当下极板随被测物体移动时,两只电容器上下极板的有效面积一只增大,一只减小,将三个极板用导线引出,形成差动电容输出。

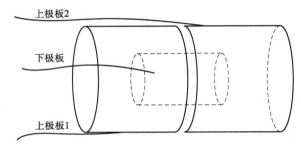

图 2-14　变面积式

四、仿真实验

(1)连接虚拟实验模板上的 ±15V 电源导线(将红、黑、蓝三个插针分别拉到相应的插孔处,连线提示状态框提示"连线正确",错误则提示"连线错误,请重新连线"。每次连线正确与否,都有提示)。

(2)连接作图工具两端到 Uo 输出端口,并点击作图工具图标,弹出作图工具窗口(图 2-15)。

(3)打开图 2-15 中左上角的电源开关,指示灯呈黄色。

(4)调节虚拟实验模板上的 Rw1,将红色基准点拉回原点。

(5)调节测微头,观察输出波形,同时可以看到传感器针筒中间磁芯的左右移动。

(6)如果对本次实验不满意,可点击电源开关的"关",则所有的控件、按钮恢复初始状态,即可重新做实验。

(7)如果想结束本实验,则点击虚拟实验模板右下角的"返回菜单",返回主菜单界面,或直接关闭本 flash。

五、实验内容与步骤

(1)按图 2-16 将电容传感器安装在电容传感器模块上,将传感器引线插入实验模块插座中。

(2)将电容传感器模块的输出 Uo 接到数显直流电压表。

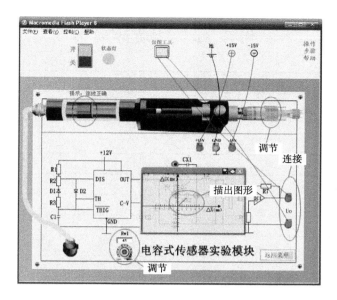

图 2-15　作图工具窗口

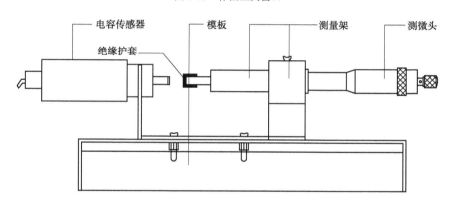

图 2-16　电容传感器连接图

（3）接入 ±15V 电源,合上主控台电源开关,将电容传感器调至中间位置,调节 Rw,使得数显直流电压表显示为 0(选择 2V 档)。Rw 确定后不能改动。

（4）旋动测微头推进电容传感器的共享极板(下极板),每隔 0.2mm 记下位移量 X 与输出电压值 U 的变化,填入表 2-1。

实验数据记录表　　　　　　　　　　　　　　　表 2-1

输入	位移 X(mm)									
第一组	正行程(mV)									
	反行程(mV)									
第二组	正行程(mV)									
	反行程(mV)									

六、实验报告

根据表 2-1 的数据计算电容传感器的系统灵敏度 S 和非线性误差 δ_f。

任务三　行动计划书

项目名称					
项目背景					
项目目标					
项目任务					
项目组织	组长		职责		
	成员1		职责		
	成员2				

任务推进	（此处需要将总任务进行分解，对项目成员的职责进行任务转换，可在此处列出总体，需要另行设计细化的推进表。）
沟通记录	（此处只列出个别重要记录，其他需要职责为沟通协调任务的成员另行详细记录。）
项目总结	（此处只列出项目总结提纲，详细总结需要体现在项目设计文本中。）

注：本行动计划书仅为参考样例，在教学实施过程中，根据学生各小组特点，可进行改造，同时要不断细化。行动计划书是整个项目过程控制、实施的记录性材料，将是任务完成的参考材料之一。

项目三　振动测量仪设计与制作

新疆处于地震频发地带,良好地震的预警能够避免人员伤亡和财产损失,但由于专业设备比较昂贵,请设计一款简易的振动测量仪,并收集相关常见的地震频谱,使振动测量仪能够检测到相近频谱时进行报警。

任务一　振动测量仪电路设计

一、自感式传感器的工作原理及分类

电感传感器的基本原理是电磁感应原理,即利用线圈电感或互感的改变来实现非电量检测,如图 3-1 所示。电感式传感器结构简单、工作可靠、灵敏度高、分辨率大,线性度好。能测出 $0.1\mu m$ 甚至更小的机械位移变化,可以把输入的各种机械物理量如位移、振动、压力、应变、流量、比重等参数转换成电量输出,在工程实践中应用十分广泛。但电感式传感器自身频率响应低,不适于快速动态测量。其测量的关键是基于物体的位移。

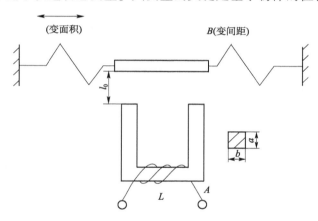

图 3-1　自感式传感器的工作原理

图 3-1 中 B 为动铁芯(衔铁),A 为固定铁芯,动铁芯 B 用拉簧定位,使 A、B 间保持一个初始距离 l_0,铁芯截面积 $S=ab$。

在铁芯 A 上绕有 N 匝线圈,则电感值:

$$L=\frac{\varphi}{I}=\frac{N\Phi}{I}$$

式中:φ——链过线圈的总磁链;

Φ——穿过线圈的磁通;

I——线圈中流过的电流。

又由磁路定律:

$$\Phi = \frac{I \cdot N}{R_m}$$

式中:$I \cdot N$——磁动势;

　　R_m——磁阻。

$$R_m = \sum_{i=1}^{n} \frac{l_i}{\mu_i S_i} + 2 \cdot \frac{l_0}{\mu_0 S_0}$$

式中:l_i、S_i、μ_i——分别为铁芯中磁通路上第 i 段的长度(cm)、截面积(cm^2)及磁导率(H/m)。

　　l_0、S_0、μ_0——分别为空气隙的长度,等效截面积及磁导率($\mu_0 = 4\pi \times 10^{-7}\text{H/m}$)。

当铁芯工作在非饱和状态时,上式以第二项为主,第一项可略而不计,则:

$$L = \frac{N^2 \mu_0 S_0}{2 l_0}$$

可见,电感值与下面几个参数有关:

(1)与线圈匝数平方成正比。

(2)与空气隙有效截面积 S_0 成正比。

(3)与空气隙长度 l_0 成反比。

这些关系中(2)和(3)可以利用,即空气隙有效截面积 S_0 及长度 l_0 可作为变换器的输入量。这样可以把直线位移、角位移作为输入的非电量。角位移测量原理如图 3-2 所示。

另外,变换器也可以做成差动形式,在固定的铁芯上有两组线圈,调整不动铁芯 B,使之没有被测量输入时两组线圈的电感值相等;当有被测量输入时,一组自感增大,另一组将减小。

由上面公式得出结论:

(1)改变空气隙等效截面 S_0 类型变换器转换关系为线性的。

(2)改变空气隙长度 l_0 类型的为非线性关系。

(3)当采用差动式时,线性度改善(只有偶次项);灵敏度提高 1 倍。

(4)煤线管式可测大位移,存在非线性,一般做成差动形式。

1. 变气隙式电感传感器

变气隙式电感传感器结构原理如图 3-3 所示。根据电磁学知识线圈电感为 $L = N^2/R_m$,N 为线圈的匝数,R_m 为磁路的总磁阻。

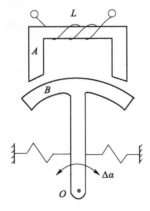

图 3-2　角位移测量原理

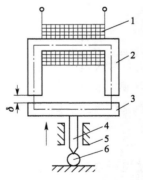

图 3-3　变气隙式电感传感器结构
1-线圈;2-铁芯;3-衔铁;4-导杆;5-导槽;6-被测物体

46

由于变气隙式电感传感器的气隙通常较小,可以认为气隙间磁场是均匀的,磁路是封闭的,因此可忽略磁路损失。总磁阻为:

$$R_m = R_{m0} + R_{m1} + R_{m2}$$

式中:R_{m1}、R_{m2}、R_{m0}——分别为铁芯、衔铁及气隙的磁阻。

由于铁芯、衔铁的磁阻远远小于气隙的磁阻,因此:

$$R_m \approx R_0, R_0 = \frac{2\delta}{\mu_0 A}$$

式中:δ——气隙的长度;

μ_0——空气的磁导率;

A——气隙的截面积。

所以,电感线圈的电感量为:

$$L \approx \frac{N^2 \mu_0 A}{2\delta}$$

由上式可知,电感线圈结构确定后,电感与面积成正比,与气隙长度成反比。这样,只要被测量能引起面积和气隙的变化,都可用电感传感器进行测量。若保持 A 为常量,则电感 L 是气隙 δ 的函数,且 L 与气隙长度成反比,故输入与输出为非线性关系,如图3-4所示。

其灵敏度为:

$$S = \frac{dL}{d\delta} = \frac{N^2 \mu_0 A}{2\delta^2}$$

灵敏度不是常数,δ 越小灵敏度越高。为提高灵敏度并保证一定的线性度,变隙式传感器只能工作在很小的区域,因而只能用于微小位移的测量。

2. 变截面式电感传感器

截面式电感传感器结构如3-5图所示。当被测量带动衔铁上、下移动时,磁路气隙的截面积将发生变化,从而使传感器的电感发生相应变化。若保持气隙长度 δ 为常数,则电感 L 是气隙截面积 A 的函数,故称这种传感器为变截面式电感传感器。这种传感器输入 A 与输出 L 之间是线性关系。其灵敏度为:

$$S = \frac{N^2 \mu_0}{2\delta}$$

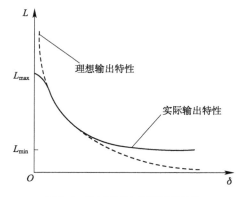

图3-4　变气隙式电感传感器结构

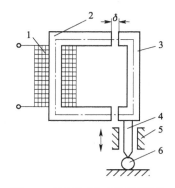

图3-5　变截面式电感传感器结构

1-线圈;2-铁芯;3-衔铁;4-导杆;5-导槽;

6-被测物体

47

灵敏度是一个常数。但是由于漏感等原因,变截面式电感传感器在 $A=0$ 时仍有一定的电感,所以其线性区较小。该类传感器与变气隙式相比,灵敏度较低,为了提高灵敏度,需较小 δ。因此,这种类型传感器由于结构的限制,被测位移量很小,在工业中用的较少。

3. 螺管式结构电感传感器

螺管式电感传感器的结构如图3-6所示。由一只螺管线圈和一根柱形衔铁组成。当被测量作用在衔铁上时,会引起衔铁在线圈中伸入长度的变化,从而引起螺管线圈电感量的变化。对于长螺管线圈且衔铁工作在螺管的中部时,可以认为线圈内磁场强度是均匀的。此时线圈电感量与衔铁插入深度成正比。

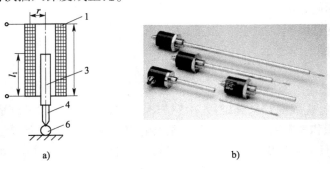

图3-6 螺管式结构电感传感器

1-线圈与铁芯;3-衔铁;4-导杆;6-被测物体

注:此图无2和5,为了保持标注与图3-5一致。

这种传感器结构简单,制作容易,但灵敏度较低,并且只有当衔铁在螺管中间部分工作时,才能获得较好的线性关系。因此,螺管式电感传感器适用于测量比较大的位移。

4. 差动电感传感器

上述三种传感器,由于线圈中有交流励磁电流,因而衔铁始终承受电磁吸力,而且易受电源电压、频率波动以及温度变化等外界干扰的影响,输出易产生误差,非线性也较严重,因此不适合精密测量。在实际工作中常采用差动式结构,这样既可以提高传感器的灵敏度,又可以减小测量误差。

差动式传感器结构如图3-7所示。两个完全相同的单个线圈的电感传感器共用一根活动衔铁就构成了差动式传感器。要求上、下两个导磁体几何尺寸、形状、材料完全相同,上、下两个的线圈电气参数 $(R、L、N)$ 完全相同。

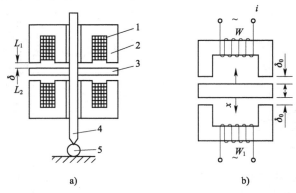

图3-7 差动电感传感器

1-线圈;2-铁心;3-衔铁;4-测杆;5-工件

当衔铁位移为零时，衔铁处于中间位置，两个线圈的电感 $L_1 = L_2$，$Z_1 = Z_2$，属于平衡位置，测量电路的输出电压应为零。当衔铁随被测量移动而偏离中间位置时，两个线圈的电感一个增加，一个减少，形成差动式形式，因此 L_1、L_2 不再相等，Z_1、Z_2 不再相等，经测量电路转换成一定的输出电压值。衔铁移动方向不同，输出电压的极性也不同。

假设衔铁上移为 $\Delta\delta$，则差动电感总的电感变化量为：

$$\Delta L = L_1 - L_2 = \frac{N^2\mu_0 A}{2(\delta - \Delta\delta)} - \frac{N^2\mu_0 A}{2(\delta + \Delta\delta)} = \frac{N^2\mu_0 A}{2} \cdot \frac{2\Delta\delta}{\delta^2 - \Delta\delta^2}$$

当 $\Delta\delta$ 的变化很小时，即满足 $\Delta\delta$ 远小于 δ 时，式中的 $\Delta\delta^2$ 可以忽略不计，此时：

$$\Delta L \approx 2\frac{N^2\mu_0 A}{2\delta^2}\Delta\delta$$

其灵敏度 $S \approx \frac{\Delta L}{\Delta\delta} = 2\frac{N^2\mu_0 A}{2\delta^2}$，由此式可以看出，差动式电感传感器的灵敏度为非差动式电感传感器的 2 倍。且差动连接后的输出特性的线性度也得到了改善。

二、自感线圈的等效电路

自感线圈不是一个纯电感，除了电感量 L 之外，还存在其他参量，既有线圈的铜耗，又有铁芯的涡流及磁滞损耗。电感线圈等效电路如图3-8所示。

1. 铜损电阻

导线直径为 d，电阻率为 ρ，匝数为 N 的线圈电阻值为：

$$R_c = \frac{4\rho Nl}{\pi d^2}$$

式中：l——线圈平均匝长。

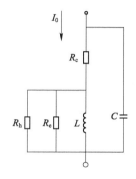

图3-8　自感线圈等效电路
R_c-铜损电阻；R_e-铁芯涡流损耗；R_h-铁芯的磁滞损耗；C-分布等效电容（线组间）

（1）线圈铜损电阻仅取决于导线材料及线圈的几何尺寸，与频率无关。

（2）损耗因数与激励频率成反比。

2. 涡流损耗

由于交流磁场的存在将使铁芯中产生涡流，并造成涡流损耗。涡流损耗的平均功率为：

$$P_e = \pi^2 f^2 \alpha^2 B_m^2 \cdot \frac{V}{kP_m}$$

式中：f——交变磁化频率；

B_m——磁感应强度幅值；

V——铁芯体积；

k——与铁芯形状有关的系数；

P_m——铁磁材料电阻率；

α——单片厚度或直径。

涡流损耗引起的损耗因数与频率 f 成正比。

3. 磁滞损耗

铁芯磁滞损耗功率：

$$P_h = 4\alpha\mu_0 SlH_m^3 \frac{f}{3} \text{（近似经验公式）}$$

磁滞损耗因数是一个与频率无关的常数，一般很小。

4. 总耗损因数及品质因数

总耗损因数及品质因数如图 3-9 所示。

电感线圈总的损耗因数：

$$D = D_c + D_e + D_h = \frac{kc}{f} + kef + kh$$

三、自感传感器特点总结

1. 闭磁路电感传感器特点

（1）灵敏度高，目前可测 $0.1\mu m$ 的直线位移，输出信号比较大，信噪比较好。

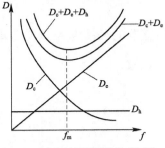

图 3-9　总耗损因数及品质因数

（2）全量程范围小，只适于测量较小位移。

（3）存在非线性。

（4）消耗功率大（有较大的电磁吸力的缘故）。

（5）工艺要求高，加工容易。

2. 开磁路电感传感器特点（螺线管中间插入铁芯）

（1）灵敏度比闭磁路电感传感器低，易受干扰。

（2）全量程范围较大，为 $200 \sim 300mm$。

（3）线性差，低于 1%。

四、变压器式工作原理

互感式电感传感器本身相当于一个变压器，当一次线圈接入电源后，二次线圈就将产生感应电动势，当互感变化时，感应电动势也相应变化。这种传感器二次绕组一般有两个，接线方式又是差动的故又称为差动变压器。差动变压器像自感传感器一样，也有变气隙式、变面积式和螺管式三种类型，目前应用最广泛的是螺管式差动变压器。

变压器式结构图如图 3-10 所示。

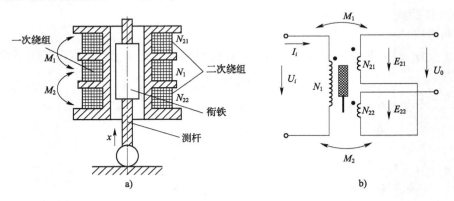

图 3-10　变压器式结构图

当一次线圈加入激励电源后，其二次线圈会产生感应电动势 E_{21}、E_{22}。当活动衔铁处于初始平衡位置时，必然会使两个二次绕组磁回路的磁阻相等，磁通相同，互感系数 $M_1 = M_2 = M$，根据电磁感应原理，由于两个二次绕组反向串联，因而差动变压器输出电压为零。当衔铁偏离平衡位置时，$M_1 = M \pm \Delta M$、$M_2 = M \mp \Delta M$。$E_{21}E_{22}$ 不再相等。输出电压 U_0 随衔铁位置的改变而变化。

五、差动变压器的测量电路

差动变压器的输出电压是交流分量,若用交流电压表测量,既不能反映衔铁移动的极性,又不能解决零点残余电压问题,为此,常采用差动相敏检波电路和差动整流电路。

(1)差动相敏检波电路

差动相敏检波电路如图 3-11 所示。

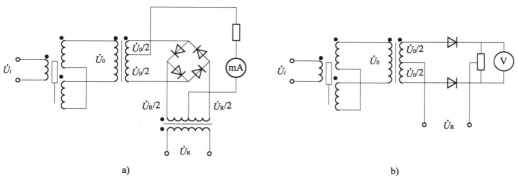

图 3-11　差动相敏检波电路

(2)差动整流电路

差动整流电路是差动变压器常用的测量电路,把差动变压器两个输出线圈的侧电压分别整流后,以它们的差作为输出,这样侧电压上的零点残余电压就不会影响测量结果。差动整流电路如图 3-12 所示。

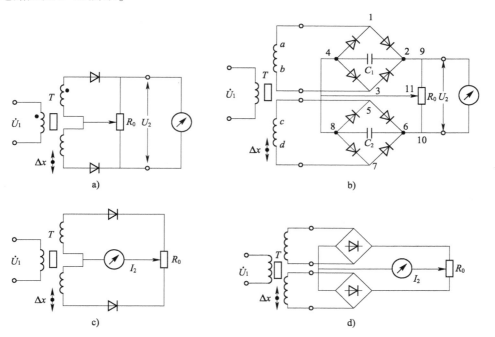

图 3-12　差动整流电路

(3)等效电路

等效电路是将非电量转换为线圈间互感 M 的磁电机构,其工作原理与变压器的类似,称为变压器式传感器,多用差动结构。

变压器式传感器如图 3-13 所示。A、B 为两个山字形固定铁芯,在其窗中各绕有两个线圈,W_{1a} 及 W_{1b} 为 1 次绕组,W_{2a} 及 W_{2b} 为 2 次绕组,C 为衔铁。

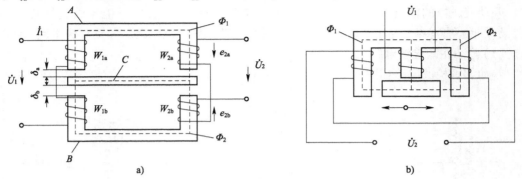

图 3-13　变压器式传感器

在没有非电量输入时,$\delta_{a0} = \delta_{b0}$,绕组 W_{1a} 和 W_{1b} 间的互感 M_a 与绕组 W_{1b} 和 W_{2b} 间的互感 M_b 相等。当衔铁位置改变($\delta_{a0} \neq \delta_{b0}$)时,则 $M_a \neq M_b$,此互感的差值即可反映被测量的大小。

为反映差值互感,将两个一次绕组的同名端顺向串联,并施加交流电压 V_a;而两个二次绕组的同名端反向串联,同时测量串联后的合成电势 E_2,则:

$$\dot{E}_2 = \dot{E}_{2a} - \dot{E}_{2b}$$

式中:$\dot{E}_{2a}$——二次绕组 W_{2a} 的互感电势;

　　　$\dot{E}_{2b}$——二次绕组 W_{2b} 的互感电势。

E_2 值的大小决定于被测位移的大小,E_2 的方向决定于位移的方向。

如图 3-14 所示为变压器式传感器等效电路。

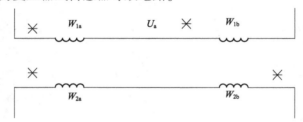

图 3-14　变压器式传感器等效电路

(4)结论

①供电电源必须是稳幅和稳频的。

②N_2/N_1 比值越大,灵敏度越高。

③δ_0 初始空气隙不宜过大,否则灵敏度会下降。

④电源幅值应适当提高,但应以铁芯不饱和为限。

六、电涡流式传感器工作原理

电涡流传感器可以测量振动、位移、厚度、转递、硬度等参数,还可以进行无损测伤,是一种有发展前途的传感器。

电涡流传感器是利用电涡流效应,将位移、温度等非电量转换为阻抗的变化(或电感的变化,或 Q 值的变化),从而进行非电量电测的。如图 3-15 所示为电涡流式传感器,r_{as} 为线圈等效外径,一个通有交变电流 $\dot{I}_1$ 的线圈,由于电流的变化,在线圈周围产生一个交变磁场 H_1,当被测导体置于该磁场范围之内,被测导体内便产生电涡流 $\dot{I}_2$,电涡流也将产生一个新磁场 H_2。

H_2 与 H_1 方向相反,因而抵消部分原磁场,从而导致线圈的电感量、阻抗和品质因数发生改变。

一般来说,传感器线圈的阻抗、电感和品质因数的变化与导体的几何形状、电导率、磁导率有关,也与线圈的几何参数、电流的频率以及线圈到被测导体间的距离有关。如果控制上述参数中一个变化,其余皆不变化,就可以构成测位移、测温度、测硬度等各种传感器。

首先把被测导体上形成的电涡流等效为一个短路环,这样可使得待分析问题更简便。这个简化模型可用等效电路图来表示,如图 3-16 所示。

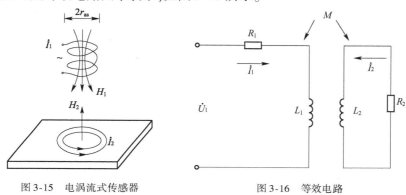

图 3-15　电涡流式传感器　　　　　　图 3-16　等效电路

假定传感器线圈原有电阻 R_1,电感 L_1,则其复阻抗 $E_1 = R_1 + i_\omega L_1$。

当有被测导体靠近传感器线圈时,则成为一个耦合电感,线圈与导体之间存在一个互感系数 M,互感系数随线圈与导体之间距离的减小而增大。短路环可看作一匝短路线圈,电阻为 R_2,电感为 L_2。

七、样例:振动测量仪案例电路及分析

1. 系统整体设计

振动测量仪的工作原理如图 3-17 所示,由传感器、现场测量部分和上位机部分组成。现场测量部分由微控制器、调理电路、蓝牙模块、显示器和报警模块等组成,具备振动参数上限设置、现场数据和曲线实时显示、越限声光报警等功能。上位机部分的设计采用 ARM7 微控制器为核心,配备有液晶显示器、键盘、报警等装置,具有接收现场测量部分发送回来的数

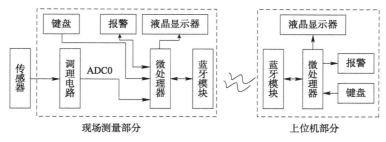

图 3-17　系统工作原理图

据,然后进行与现场测量部分的同步数据显示和同步报警功能,还具有数据曲线的保存和回放等功能。

2. 现场测量部分设计

(1)振动传感器模块

振动测量仪的技术参数可查找相应的产品技术参数。电机拖动的旋转设备机械振动主要是低频振动,因此振动频率在 0 ~ 2000Hz 范围内的 YD-30 加速度传感器即可满足要求。该传感器为内置集成压电式 IEPE 型传感器,灵敏度高、输出阻抗低、抗干扰能力强,适合远距离传输。供电与信号输出共用电缆线。现场测量部分微处理器选择采用芯片 LM3S8962,该芯片基于 32 位的 Cortex-M3 核心架构,工作频率可达 50MHz 以上,具有丰富的中断资源和片内硬件资源,内部带有 10 位 ADC。

(2)前置调理电路

典型 IEPE 传感器需要 2 ~ 20mA 恒流源供电。由于 YD-30 传感器内部未加放大和滤波电路,所以输出电压较低,频带一定,而且 LM3S8962AD 模块的内部参考电压为 0 ~ 3V,所以需要加前置调理电路将信号滤波、放大,转换为 0 ~ 3V 后才能送至 LM3S8962 的模拟输入通道 ADC0。采用 AD694 产生恒流源,RC 构成滤波电路,参数为 $RC = 1/(2\pi f)$,其中 $f = 2000Hz$;并用 OP37 构成放大电路。前置电路如图 3-18 所示。

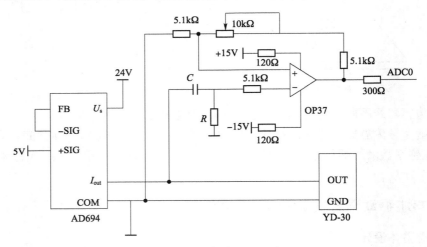

图 3-18 传感器及调理电路

显示模块用于实时显示测量数据和曲线,为满足对振动数据和曲线的显示要求,显示模块选用内部带汉字字库的点阵式 LCD12684,可以通过串口方式与微处理器 LM3S8962 连接。为满足复杂工业环境下对电机拖动的旋转设备振动测量,振动测量仪引入了蓝牙技术。蓝牙模块选用工业较远距离蓝牙模块 BT-1800,通信距离可达 1000m 以上。可将微处理器的串口信号转换成蓝牙信号,实现设备之间的蓝牙无线通信。蓝牙模块 BT-1800 串行接口与 LM3S8962 的串行口 UART0 连接,通过拨码开关 SW 设置 BT-1800 的 PIO5-IO2 输出电平为 "0100",将串口通信的波特率设置为标准串口波特率 115.2kbit/s。

3. 上位机部分设计

上位机部分具有接收现场测量部分发送回来的数据,实现与现场部分同步数据、曲线实时显示与越限报警功能,还具有数据保存和回放等功能。上位机部分控制芯片采用 LPC2478,其内部集成 LCD 控制器;液晶显示器采用 LMT057DCDFWU-NBN 型号 TFT 显示屏,其内部有 TFT 控制器,触摸可选,与控制芯片串行连接;蓝牙模块设置与现场测量部分的蓝牙模块匹配。报警装置采用电磁式有源蜂鸣器 12095V5,无电磁及射频的干扰,内部带驱动电路,接控制芯片 I/O 口。

4. 软件设计

为提高测量数据的精度和稳定性,需要对数据进行数字滤波、抗干扰等,然后输出显示、判断报警、向上位机发送数据。采用递推平均值法可提高系统测量数据的精度和稳定性。测量程序的主要功能是将振动传感器输出信号进行 A/D 转换,线性化处理后用 LCD 进行实时显示,并判断是否越限报警以及通过串口发送至上位机部分。测量部分流程图如图 3-19 所示。

在上位机软件设计中,首先在内核处理器中移植图形用户界面软件 μC/GUI 搭建嵌入式图形设计平台,方便在程序编译过程中调用 μC/GUI 开放源码对实时曲线进行绘制。在移植过程中根据系统要求对 LCDConf.h、GUIConf.h 等 μC/GUI 函数库进行修改,定义数据类型,至此完成显示部分的移植。系统上电,进行初始化,本地蓝牙通过搜索附近蓝牙设备,并与指定现场部分蓝牙模块建立连接,读取到蓝牙串口的数据,对数据进行线性化处理,判断是否越限报警,记录报警历史;μC/GUI 通过调用 pixelDraw( )画点函数进行数据曲线的绘制,并送至显示器进行实时的数据曲线显示,最后将数据曲线进行保存。上位机控制流程图如图 3-20 所示。

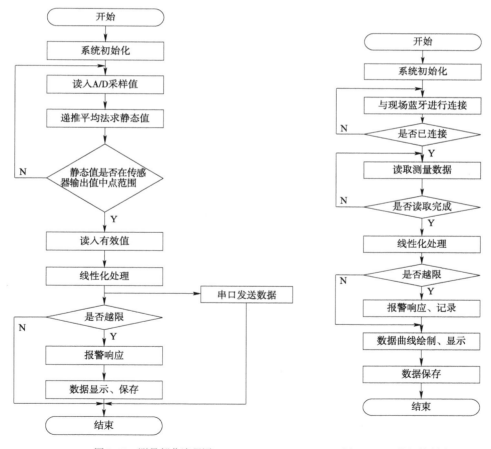

图 3-19　测量部分流程图　　　　　　　　图 3-20　上位机控制流程图

制作:振动测量仪设计及制作方案

工具准备	
电路设计	
原理阐述	
硬件清单	

任务二　磁电式传感器实验验证

一、实验目的

了解差动变压器测量振动的方法。

二、实验仪器

振荡器、差动变压器模块、相敏检波模块、频率/转速表、振动源、直流稳压电源、示波器。

三、实验原理

利用差动变压器的静态位移特性测量动态参数。

四、仿真实验

(1)连接虚拟实验模板上的 ±15V 电源线(将红、黑、蓝三个插针分别拉到相应的插孔处,连线提示状态框提示“连线正确”,错误则提示“连线错误,请重新连线”。每次连线正确与否,都有提示)。

(2)连接示波器两端到低通模块输出端口,并点击示波器图标,弹出示波器窗口,如图3-21所示。

(3)打开图 3-21 中左上角的电源开关,指示灯呈黄色。

(4)连接虚拟实验模板上的 1 ~ 10kHz 信号源导线到激励电压两端,调节幅值和频率旋钮,则输出如图 3-21 所示波形。

（5）调节 Rw1，将图 3-21 波形调回原点位置，调节 Rw2 将波形调成直线，连接虚拟实验模板上的 1～30Hz 信号源导线（位置参考图 3-22），调节幅值和频率旋钮，则传感器开始振动，同时输出如图 3-22 所示波形。

（6）点击"相检模块连线"，则自动完成部分连线，输出如图 3-23 所示波形。

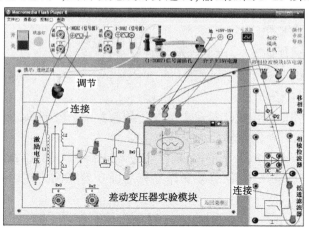

图 3-21　示波器窗口

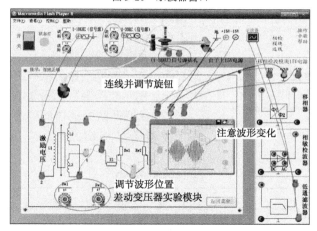

图 3-22　输出波形 1

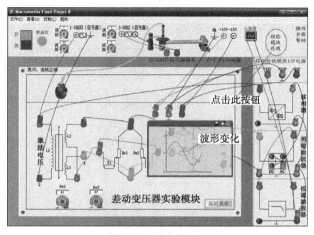

图 3-23　输出波形 2

（7）如果对本次实验不满意，可点击电源开关的"关"，则所有的控件、按钮恢复初始状态，即可重新做实验。

（8）如果想结束本实验，则点击虚拟实验模板右下角的"返回菜单"，返回主菜单界面，或直接关闭本 flash。

五、实验内容与步骤

（1）将差动变压器按图 3-24 安装在振动源单元上。

（2）合上实验台电源开关，用示波器观察信号源音频振荡器"Us100"输出，使其输出频率为 4kHz，$U_{p-p}=2V$ 正弦信号。

（3）将差动变压器的输出线连接到差动变压器模块上，并按差动变压器系统定标实验接线。检查接线无误后，打开固定稳压电源开关。

（4）用示波器观察差分放大器输出，调整传感器连接支架高度，使示波器显示的波形幅值最小。仔细调节差动变压器，使差动变压器铁芯能在差动变压器内自由滑动，用"紧定旋钮"固定。

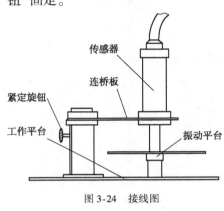

图 3-24　接线图

（5）用手按压振动平台，使差动变压器产生一个较大的位移，调节移相器使移相器输入输出波形正好同相或者反相，仔细调节 RW1 和 RW2，使低通滤波器输出波形幅值更小，基本为零点。

（6）振动源"低频输入"接振荡器低频输出"Us2"，调节低频输出幅度旋钮和频率旋钮，使振动平台振荡较为明显。用示波器观察低通滤波器的 U_0 的波形。

（7）保持低频振荡器的幅度不变，改变振荡频率，用示波器测量输出波形 U_{p-p}，记下实验数据，填入表 3-1。

实验数据记录表　　　　　　　　　　表 3-1

组别	f(Hz)								
第一组	正行程								
U_{p-p}(V)	反行程								
第二组	正行程								
U_{p-p}(V)	反行程								

六、实验报告

（1）根据实验结果作梁的振幅—频率特性曲线，指出自振频率的大致值，并与用应变片测出的结果相比较。

（2）保持低频振荡器频率不变，改变振荡幅度，同样实验可得到振幅与电压峰值 U_{p-p} 曲线（定性）。

七、注意事项

（1）低频激振电压幅值不要过大，以免梁在共振频率附近振幅过大。

（2）实验过程中加在差动变压器原边的音频信号幅值不能过大，以免烧毁差动变压器传感器。

任务三　行动计划书

项目名称				
项目背景				
项目目标				
项目任务				
项目组织	组长		职责	
	成员1		职责	
	成员2			

任务推进	（此处需要将总任务进行分解，对项目成员的职责进行任务转换，可在此处列出总体，需要另行设计细化的推进表。）
沟通记录	（此处只列出个别重要记录，其他需要职责为沟通协调任务的成员另行详细记录。）
项目总结	（此处只列出项目总结提纲，详细总结需要体现在项目设计文本中。）

注：本行动计划书仅为参考样例，在教学实施过程中，根据学生各小组特点，可进行改造，同时要不断细化。行动计划书是整个项目过程控制、实施的记录性材料，将是任务完成的参考材料之一。

项目四　转速表设计与制作

学院某社团自行设计一辆电动汽车,现在需要进行转速测量系统子项目外包,该系统要求准确并能实时显示车辆行驶速度及行驶里程,并要求有指针和数字显示两种形式。请设计并制作该系统。

任务一　转速表电路设计

一、磁电式传感器的工作原理、结构、特性

磁电感应式传感器是以电磁感应原理为基础的。根据法拉第电磁感应定律可知,当 N 匝线圈在均恒磁场内运动切割磁力线或线圈所在磁场的磁通变化时,线圈中所产生的感应电动势 E 的大小取决于穿过线圈的磁通 Φ 的变化率,即:

$$E = -N\frac{\mathrm{d}\Phi}{\mathrm{d}t}$$

根据这一原理,将磁电感应式传感器分为变磁通式和恒磁通式两类。

1. 变磁通式传感器

变磁通式传感器又称为变磁阻磁电感应式传感器或变气隙磁电感应式传感器,图 4-1 为变磁通式磁电传感器,用来测量旋转物体的角速度。如图 4-1a)所示为开磁路变磁通式,其特点是线圈、磁铁静止不动,测量齿轮安装在被测旋转体上并随之一起转动。每转动一个齿,齿的凹凸引起磁路磁阻变化一次,磁通也就变化一次,线圈中产生感应电势,其变化频率等于被测转速与测量齿轮齿数的乘积。这种传感器结构简单,但输出信号较小,且因高速轴上加装齿轮较危险而不宜测量高转速。

如图 4-1b)所示为闭磁路变磁通式结构示意图,被测旋转体带动椭圆形测量轮在磁场气隙中等速转动,使气隙平均长度周期性地变化,因而磁路磁阻也周期性地变化,磁通同样周期性地变化,从而在线圈中产生感应电动势,其频率与测量轮的转速成正比。也可以用齿轮代替椭圆形测量轮,软铁制成内齿轮形式,内外齿轮齿数相同。当转轴连接到被测转轴上时,外齿轮不动,内齿轮随被测轴而转动,内、外齿轮的相对转动使气隙磁阻产生周期性变

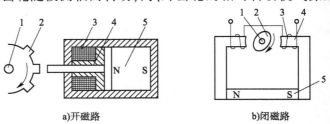

a)开磁路　　　　　　　　　　　　　b)闭磁路

图 4-1　变磁通式磁电传感器结构

1-转轴;2-测量轮;3-感应线圈;4-软铁;5-永久磁铁

化,从而引起磁路中磁通的变化,使线圈内产生周期性变化的感生电动势,显然感应电势的频率与被测转速成正比。

变磁通式传感器对环境条件要求不高,能在 – 150 ~ + 90℃的温度下工作,不影响测量精度,也能在油、水、雾、灰尘等条件下工作。但它的工作频率下限较高,约为 50Hz,上限可达 100kHz。

2. 恒磁通式传感器

图 4-2 为恒磁通式磁电传感器典型结构,它由永久磁铁、线圈、弹簧、金属骨架和壳体等组成。磁路系统产生恒定的直流磁场,磁路中的工作气隙固定不变,因而气隙中磁通也是恒定不变的。其运动部件可以是线圈,也可以是磁铁,因此又分为动圈式和动铁式两种结构类型。如图 4-2a)所示为动圈式结构原理图,永久磁铁与传感器壳体固定,线圈和金属骨架用柔软弹簧支承。如图 4-2b)所示为动铁式结构原理图,线圈和金属骨架与壳体固定,永久磁铁用柔软弹簧支承。两者的阻尼都是由金属骨架和磁场发生相对运动而产生的电磁阻尼,所谓动圈、动铁都是相对于传感器壳体而言。

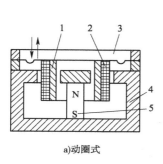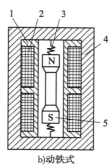

a)动圈式　　　　　　　　　　b)动铁式

图 4-2　恒磁通式传感器结构

1-金属骨架;2-线圈;3-弹簧;4-壳体;5-永久磁铁

动圈式和动铁式恒磁通式传感器的工作原理是完全相同的,当壳体随被测振动体一起振动时,由于弹簧较软,运动部件质量相对较大,当振动频率足够高(远大于传感器固有频率)时,运动部件惯性很大,来不及随振动体一起振动,近乎静止不动,振动能量几乎全被弹簧吸收,永久磁铁与线圈之间的相对运动速度接近于振动体振动速度,磁铁与线圈的相对运动切割磁力线,从而产生感应,故:

$$E = -B_0 L N v$$

式中:B_0——工作气隙磁感应强度;

L——每匝线圈平均长度;

N——线圈在工作气隙磁场中的匝数;

v——相对运动速度。

由上式可知,当传感器结构参数确定后,B_0、L、N 均为定值,因此感应电动势 E 与线圈相对磁场的运动速度 v 成正比。

恒磁通磁电式传感器的频响范围一般为几十赫兹至几百赫兹,低的可到 10Hz 左右,高的可达 2kHz 左右。

由以上分析可知,磁电式传感器只适用于动态测量,可直接测量振动物体的速度或旋转体的角速度。如果在其测量电路中接入积分电路或微分电路,那么还可以用来测量位移或加速度。

二、磁电感应式传感器的应用

动圈式振动速度传感器,一般用于大型构件的测振,其结构示意图如图 4-3 所示。传感器的磁钢与壳体(软磁材料)固定在一起,形成磁路系统,壳体还起屏蔽作用。芯轴的一端固定着一个线圈,另一端固定一个圆筒形铜杯(阻尼杯)。惯性元件(质量块)是线圈组件、阻尼杯和芯轴,而不是磁钢。

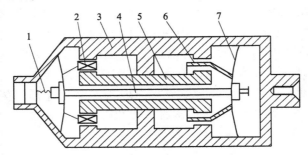

图 4-3　动圈式振动速度传感器结构示意图
1-引线;2-线圈;3-外壳;4-芯轴 5-磁钢;6-阻尼杯;7-弹簧片

使用时,将传感器固定在被测振动体上,当振动频率远高于传感器的固有频率时,线圈接近静止不动,而磁钢则跟随振动体一起振动。这样,线圈与磁钢之间就有了相对运动,其相对速度等于振动体的振动速度。线圈以相对速度切割磁力线,并输出正比于振动速度的感应电势,通过引线接到测量电路。

由于线圈组件、阻尼杯和芯轴的质量较小,且阻尼杯又增加了阻尼,所以阻尼比增加。这就改善了传感器的低频范围的幅频特性,使共振峰降低,从而提高了低频范围的测量精度。但从另一方面来说,质量减少却会使传感器的固有频率增加,使低频率响应受到限制。因此,在传感器中采用了非常柔软的薄片弹簧,以降低固有频率,扩大低频段的测量范围。

三、霍尔效应

霍尔效应是导电材料中的电流与磁场相互作用而产生电动势的物理效应。置于磁场中的静止截流体中,若电流方向与磁场方向不相同,则在截流体的垂直于电流与磁场方向所组成的两个侧面将产生电动势。这一现象为美国物理学家霍尔于 1879 年发现,称为霍尔效应,相应的电动势称为霍尔电势。

一块长为 e,宽为 b,厚度为 d 的半导体矩形薄片(称为霍尔基片),置于磁感应强度为 B 的外磁场中,当沿基片长度方向通以电流 I 时,则半导体的载流子(在此设为 N 型半导体,其载流子为电子)受到洛伦兹力作用,如图 4-4 所示。

$$F = evB\sin\alpha$$

式中:e——电子电荷量,$e = 1.602 \times 10^{-19}$C;

　　v——半导体中电子运动速度;

　　B——外磁场的磁感应强度;

　　α——电子运动方向与磁场方向之间的夹角。

在力 F 的作用下,电子被推向半导体一侧,并在该侧面积累负电荷,而在另一侧积累正电荷,这样在基片两侧面间建立起静电场,因此电子又受到电场力 F' 的作用,且 $F' = e \cdot E_{\mathrm{H}}$,

E_H 为静电场电场强度；F' 将阻止电子继续偏移。当 $F' = F$ 时，电荷积累处于动态平衡，即：

$$eE_H = evB\sin\alpha$$

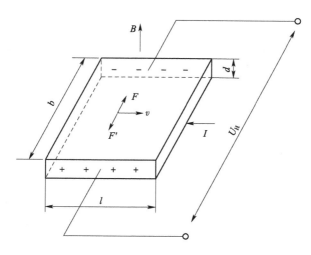

图 4-4　霍尔效应

当电子运动方向与磁场方向相互垂直时，有 $\sin\alpha = 1$，则 $E_H = U \cdot B$。而 $E_H = V_H / b$，则 $v_H = b \cdot E_H = bvB$。

U_H 为基片宽度两侧面间由于电荷积累所形成的电位差，即霍尔电压。

通过基片的电流 I 与基片材料中的载流子浓度 n 和速度 v 关系为：

$$I = nevbd$$

则

$$U_H = \frac{BI}{ned} = \frac{R_H}{d} \cdot B \cdot I = K_H \cdot IB$$

$R_H = 1/(ne)$ 称为霍尔系数，它是由基片材料的物理性质决定常数；$K_H = R_H/d$ 为灵敏度系数，表示在单位磁感应强度和单位控制电流时的霍尔电势大小。

当磁场感应强度 B 和霍尔片平面法线 n 成角度 θ 时，霍尔电势为：

$$U_H = K_H \cdot IB\cos\theta$$

四、霍尔元件的主要技术参数

霍尔元件是一种四端型器件，如图 4-5 所示，它由霍尔片、4 根引线和壳体组成。霍尔片是一块矩形半导体单晶薄片，尺寸一般为 $4mm \times 2mm \times 0.1mm$。通常红色的两个引线 A、B 为控制电流输入线，C、D 两个绿色引线为霍尔电势输出线。典型霍尔元件主要参数见表 4-1。

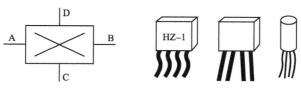

图 4-5　霍尔引脚

典型霍尔元件主要参数   表 4-1

型　号	额定控制电流 I_c （mA）	乘积灵敏度 K_H （V/A·T）	输入电阻 k_{in} （Ω）	输入电阻 k_{out} （Ω）	霍尔电势温度系数 α （%/℃）
HZ-4	50	>4	45（1±20%）	40（1±20%）	0.03
HT-2	300	1.8（1±20%）	0.8（1±20%）	0.5（1±20%）	−1.5
THS102	3~5	20~240	450~900	450~900	−0.06
OH001	3~8	20	500~1000	500	−0.06
VHE711H	≤22	>100	150~330	120~400	−2
AG-4	15	>3.0	300	200	0.02
FA24	400	>0.75	1.4	1.1	−0.07
FC34	200	>1.45	5	3	−0.04

1. 输入电阻（R_{in}）和输出电阻（R_{out}）

R_{in} 为霍尔器件两个电流电极（控制电极）之间的电阻，R_{out} 为两个霍尔电极之间的电阻。

2. 额定控制电流 I_c

霍尔器件将因通电流而发热。使在空气中的霍尔器件产生允许温升10℃时的控制电流称为额定控制电流。当控制电流超过额定控制电流 I_c 时，器件温升将大于允许的温升，器件特性将变坏。

3. 不等位电势（也称为非平衡电压或残留电压）U_0 和不等位电阻 R_0

当外加磁场为零时，霍尔输出端之间的开路电压称为不等位电势。它是由于四个电极的几何尺寸不对称引起的，使用时多采用电桥法来补偿不等位电势引起的误差。

4. 灵敏度 S

由于霍尔器件必须使用运放，所以通常说霍尔器件的灵敏度时不是说器件本身的灵敏度，而是包含运放在内的灵敏度。这样，就只能针对一种型号，看厂家手册才能获知。

5. 霍尔电势温度系数 α

霍尔电势温度系数 α 指在磁感应强度及控制电流一定情况下，温度变化1℃时相应霍尔电势变化的百分数。它与霍尔元件的材料有关，一般为 0.1%/℃ 左右。在要求较高场合，应选择低温漂的霍尔元件。

五、霍尔集成电路

将霍尔元件、放大器、温度补偿电路、输出电路及稳压电源等集成在一块芯片上，称为霍尔集成电路，常见的有线性型和开关型两种。

1. 线性型霍尔集成传感器

在一定的控制电流条件下，线性型霍尔传感器的输出电压与外加磁场强度呈线性关系。它有单端输出型与双端输出型两种，如图 4-6 所示。

2. 开关型霍尔集成传感器

常见的霍尔开关集成电路有 UGN-3000 系列，其外形与 UGN3501T 相同，内部由霍尔元件、放大器、整形电路及输出电路组成，如图 4-7 所示。

3. 不等位电势的补偿

由于不等位电势与不等位电阻是一致的，因此可以用分析其电阻的方法来进行补偿。

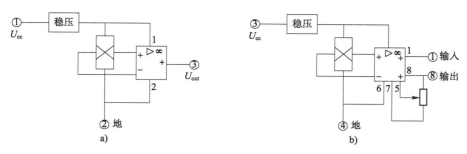

图 4-6　线性型霍尔集成传感器

图 4-8 中 A、B 为控制电极，C、D 为霍尔电极，在极间分布的电阻用 R_1、R_2、R_3、R_4 表示，理想情况是 $R_1 = R_2 = R_3 = R_4$，即零位电势为零（或零位电阻为零）。但实际上存在着零位电势，说明此 4 个电阻不等。将其视为电桥的四个臂，即电桥不平衡，为使其平衡可在阻值较大的臂上并联电阻，或在两个臂上同时并联电阻。

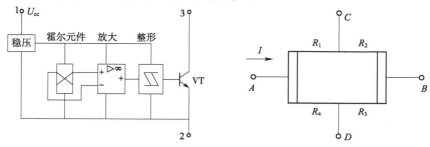

图 4-7　开关型霍尔集成传感器　　　　图 4-8　不等位电势的补偿

六、样例:转速表设计及制作

1. 系统概述

（1）系统组成

系统由传感器、信号预处理电路、处理器、显示器和系统软件等部分组成。传感器部分采用霍尔传感器,负责将电机的转速转化为脉冲信号。信号预处理电路包含待测信号放大、波形变换、波形整形电路等部分,其中放大器实现对待测信号的放大,降低对待测信号的幅度要求,实现对小信号的测量;波形变换和波形整形电路实现把正负交变的信号波形变换成可被单片机接受的 TTL/CMOS 兼容信号。处理器采用 STC89C51 单片机,显示器采用 8 位 LED 数码管动态显示。系统原理框图如图 4-9 所示。

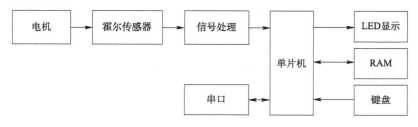

图 4-9　转速测量系统原理框图

系统软件主要包括测量初始化模块、信号频率测量模块、浮点数算术运算模块、浮点数到 BCD 码转换模块、显示模块、按键功能模块、定时器中断服务模块。系统软件框图如图 4-10 所示。

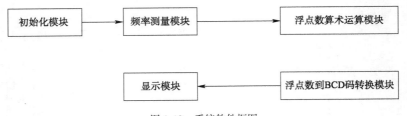

图 4-10   系统软件框图

（2）处理方法

系统的设计以 STC89C51 单片机为核心,利用其内部的定时/计数器完成待测信号频率的测量。测速实际上就是测频,通常可以用计数法、测脉宽法和等精度法来进行测试。所谓计数法,就是给定一个闸门时间,在闸门时间内计数输入的脉冲个数;测脉宽法是利用待测信号的脉宽来控制计数门,对一个高精度的高频计数信号进行计数。由于闸门与被测信号不能同步,因此,这两种方法都存在 ±1 误差的问题,第一种方法适用于信号频率高时使用,第二种方法则在信号频率低时使用。等精度法则对高、低频信号都有很好的适应性。此系统采用计数法测速。单片机 STC89C51 内部具有 2 个 16 位定时/计数器,定时/计数器的工作可以由编程来实现定时、计数和产生计数溢出中断要求的功能。在构成为定时器时,每个机器周期加 1(使用 12MHz 时钟时,每 1μs 加 1),这样可以以机器周期为基准来测量时间间隔。在构成为计数器时,在相应的外部引脚发生从 1 到 0 的跳变时计数器加 1,这样在计数闸门的控制下可以用来测量待测信号的频率。外部输入每个机器周期被采样一次,这样检测一次从 1 到 0 的跳变至少需要 2 个机器周期(24 个振荡周期),所以最大计数速率为时钟频率的 1/24(使用 12MHz 时钟时,最大计数速率为 500kHz)。定时/计数器的工作由相应的运行控制位 TR 控制,当 TR 置 1 时,定时/计数器开始计数,当 TR 清零时,停止计数。

（3）系统工作原理

转速是工程上一个常用的参数,旋转体的转速常以每分钟的转数来表示。其单位为转/分钟(r/min)。由霍尔元件及外围器件组成的测速电路将电动机转速转换成脉冲信号,送至单片机 STC89C51 的计数器 T0 进行计数,用 T1 定时测出电动机的实际转速。此系统使用单片机进行测速,采用脉冲计数法,使用霍尔传感器获得脉冲信号。其机械结构也可以做得较为简单,只要在转轴的圆盘上粘上两粒磁钢,让霍尔传感器靠近磁钢,机轴每转一周,产生两个脉冲,机轴旋转时,就会产生连续的脉冲信号输出。由霍尔器件电路部分输出,成为转速计数器的计数脉冲。控制计数时间,即可实现计数器的计数值对应机轴的转速值。单片机 CPU 将该数据处理后,通过 LED 显示出来。

①霍尔传感器

霍尔传感器是对磁敏感的传感元件,由磁钢、霍耳元件等组成。测量系统的转速传感器选用 SiKO 的 NJK-8002D 霍尔传感器,其响应频率为 100kHz,额定电压为 5 ~ 30V,检测距离为 10mm。其在大电流磁场或磁钢磁场的作用下,能测量高频、工频、直流等各种波形电流。该传感器具有测量精度高、电压范围宽、功耗小、输出功率大等优点,广泛应用于高速计数、频率测量、转速测量等领域。输出电压为 4 ~ 25V,直流电源要有足够的滤波电容,测量极性为 N 极。安装时,将一非磁性圆盘固定在电动机的转轴上,将磁钢粘贴在圆盘边缘,磁钢采用永久磁铁,其磁力较强,霍尔元件固定在距圆盘 1 ~ 10mm 处。当磁钢与霍尔元件相对位置发生变化时,通过霍尔元件感磁面的磁场强度就会发生变化。圆盘转动,磁钢靠近霍尔元件,穿过霍尔元件的磁场较强,霍尔元件输出低电平;当磁场减弱时,输出高电平,从而使得在圆盘转动过程中,霍尔元件输出连续脉冲信号。这种传感器不怕灰尘、油污,在工业现场应用广泛。

②转速测量原理

霍尔器件是由半导体材料制成的一种薄片,若控制电流保持不变,则霍尔感应电压将随外界磁场强度而变化。根据这一原理,可以将两块永久磁钢固定在电动机转轴上转盘的边沿,转盘随被测轴旋转,磁钢也将跟着同步旋转,在转盘附近安装一个霍尔元件,转盘随轴旋转时,霍尔元件受到磁钢所产生的磁场影响,输出脉冲信号。传感器内置电路对该信号进行放大、整形,输出良好的矩形脉冲信号,测量频率范围更宽,输出信号更精确、稳定,已在工业、汽车、航空等测速领域中得到广泛的应用。其频率与转速成正比,测出脉冲的周期或频率即可计算出转速。

2. 系统硬件电路设计

(1)单片机主控电路

系统选用 STC89C51 作为转速信号的处理核心。STC89C51 包含 2 个 16 位定时/计数器、4k×8 位片内 FLASH 程序存储器、4 个 8 位并行 I/O 口。16 位定时/计数器用于实现待测信号的频率测量。8 位并行口 P0、P2 用于把测量结果送到显示电路。4k×8 位片内 FLASH 程序存储器用于放置系统软件。STC89C51 与具有更大程序存储器的芯片管脚兼容,如:89C52(8k×8 位) 或 89C55(32k×8 位),为系统软件升级打下坚实的物质基础。STC89C51 最大的优点是可直接通过计算机串口线下载程序,而无须专用下载线和编程器。

STC89C51 单片机是在一块芯片中集成了 CPU、RAM、ROM、定时/计数器和多功能 I/O 口等一台计算机所需要的基本功能部件。其基本结构框图如图 4-11 所示。

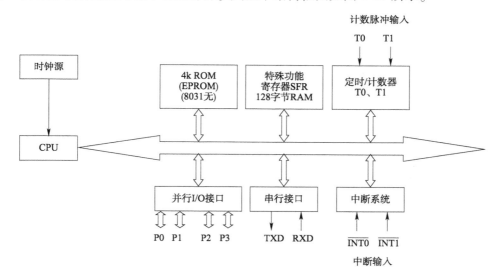

图 4-11 STC89C51 单片机结构框图

STC89C51 系列单片机中 HMOS 工艺制造的芯片采用双列直插(DIP)方式封装,有 40 个引脚。STC89C51 单片机 40 条引脚说明如下:

①电源引脚。U_{CC}正常运行和编程校验(8051/8751)时为 5V 电源,U_{SS}为接地端。

②I/O 总线。P0.0~P0.7(P0 口),P1.0~P1.7(P1 口),P2.0~P2.7(P2 口),P3.0~P3.7(P3 口)为输入/输出引线。

③时钟。

XTAL1：片内振荡器反相放大器的输入端。

XTAL2：片内振荡器反相放器的输出端，也是内部时钟发生器的输入端。

④控制总线。由 P3 口的第二功能状态和 4 根独立控制线 RESET、EA、ALE、PSEN 组成。值得强调的是，P3 口的每一条引脚均可独立定义为第一功能的输入/输出或第二功能，如表 4-2 所示。

P3 口线的第二功能定义　　　　　　　　　　　　　表 4-2

P3 口引脚及线号	引　脚	第 二 功 能
P3.0　（10）	RXD	串行输入口
P3.1　（11）	TXD	串行输出口
P3.2　（12）	INT0	外部中断 0
P3.3　（13）	INT1	外部中断 1
P3.4　（14）	T0	定时器 0 外部输入
P3.5　（15）	T1	定时器 1 外部输入
P3.6　（16）	WR	外部数据存储器写脉冲
P3.7　（17）	RD	外部数据存储器读脉冲

STC89C51 单片机的片外总线结构如下：

①地址总线（AB）：地址总线宽为 16 位，因此，其外部存储器直接寻址为 64k 字节，16 位地址总线由 P0 口经地址锁存器提供 8 位地址（A0 ~ A7）；P2 口直接提供 8 位地址（A8 ~ A15）。

②数据总线（DB）：数据总线宽度为 8 位，由 P0 提供。

③控制总线（CB）：由 P3 口的第二功能状态和 4 根独立控制线 RESET、EA、ALE、PSEN 组成。

（2）脉冲产生电路

LM358 内部包括两个独立的、高增益、内部频率补偿的双运算放大器，适用于电源电压范围很宽的单电源使用，也适用于双电源工作模式，在推荐的工作条件下，电源电流与电源电压无关。它的使用范围包括传感放大器、直流增益模块和其他所有可用单电源供电的使用运算放大器的场合。

如图 4-12 所示，信号预处理电路为系统的前级电路，其中霍尔传感元件 b、d 为两电源端，d 接正极，b 接负极；a、c 两端为输出端，安装时霍尔传感器对准转盘上的磁钢，当转盘旋转时，从霍尔传感器的输出端获得与转速率成正比的脉冲信号，传感器内置电路对该信号进行放大、整形，输出良好的矩形脉冲信号，图 4-12 中 LM358 部分为过零整形电路，使输入的交变信号更精确的变换成规则稳定的矩形脉冲，便于单片机对其进行计数。

（3）按键电路

通过软件设置按键开关功能：按 K0 清零、复位；按 K1 显示计时时间；按 K2 显示计数脉冲数。此按键电路为低电平有效，当无按键按下时，单片机输入引脚 P1.0、P1.1、P1.2、P1.3 端口均为高电平。当其中任一按键按下时，其对应的 P1 端口变为低电平，在软件中利用这个低电平设计其功能。软件中还设置了按键防抖动误触发功能，软件中设置定时器 150ms 中断一次，每次中断都对按键进行扫描，如果扫描到有按键按下，则延迟 10ms，再次进行键扫描，若仍有按键按下，则按键为真，并从 P1 口读取数据，低电平对应的即为有效按键，如图 4-13 所示。

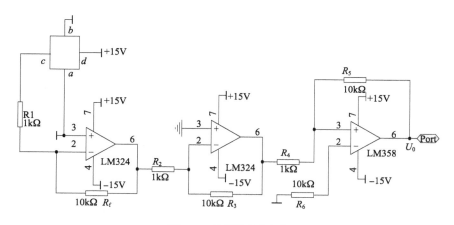

图 4-12　信号预处理电路

（4）数据显示电路

图 4-14 为数码管的引脚接线图,实验板上以 P0 口作输出口,经 74LS244 驱动,接 8 只共阳数码管 S0 ~ S7。表 4-3 为驱动 LED 数码管的段代码表为低电平有效,1-代表对应的笔段不亮,0-代表对应的笔段亮。若需要在最右边(S0)显示"5",只要将从表中查得的段代码 64H 写入 P0 口,再将 P2.0 置高,P2.1 ~ P2.7 置低即可。设计中采用动态显示,所以其亮度只有一个 LED 数码管静态显示亮度的八分之一。

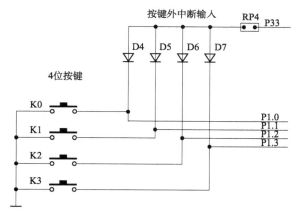

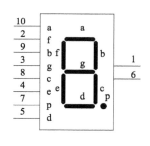

图 4-13　按键电路图　　　　　　　　　　图 4-14　数码管的引脚接线图

驱动 LED 数码管的段代码　　　　　　　　　　表 4-3

数　字	d	p	e	c	g	b	f	a	十六进制	
	P0.7	P0.6	P0.5	P0.4	P0.3	P0.2	P0.1	P0.0	共阴	共阳
0	1	0	1	1	0	1	1	1	B7	48
1	0	0	0	1	0	1	0	0	14	EB
2	1	0	1	0	1	1	0	1	AD	52
3	1	0	0	1	1	1	0	1	9D	62
4	0	0	0	1	1	1	1	0	1E	E1
5	1	0	0	1	1	0	1	1	9B	64
6	1	0	1	1	1	0	1	1	BB	44

69

数 字	d P0.7	p P0.6	e P0.5	c P0.4	g P0.3	b P0.2	f P0.1	a P0.0	十六进制 共阴	共阳
7	0	0	0	1	0	1	0	1	15	EA
8	1	0	1	1	1	1	1	1	BF	40
9	1	0	0	1	1	1	1	1	9F	60

这里设计的系统先用 6 位 LED 数码管动态显示小型直流电机的转速。当转速高于 6 位所能显示的值(999999)时就会自动向上进位显示。

(5)稳压电源

如图 4-15 所示为 5 ~ 12V 连续可调稳压电源,采用 L4960 芯片制作的输出电流可达 10A,输出电压在 5 ~ 12V 间连续可调,是一个实用的开关型稳压电源。其工作原理为:220V 交流电源经变压器 T1 降压,桥堆 VD1 整流,C_1、C_2 滤波后得到一直流电压。

IC 第①、②脚为直流电压输入端,其最高输入电压为 +40V。该直流电压经 IC 内部的振荡器调制为 200kHz 左右的高频开关电压,振荡器的开关频率由外接振荡电容器 C_4 决定。当 C_4 的值取为 3300pF 时,电源的开关频率约为 200kHz;R_3、C_6 为环路调节放大器的频率补偿网络,由第 7 脚输入。IC 第④脚为抑制输入端,其闭锁电压的阈值为 0.7V,输出电压经取样电阻 R_2 反馈至第④脚后与 R_1 比较,当阈值电压大于 0.7V 时,输出关闭,起到短路过流保护作用。第 6 脚为输出电压调节控制端,由电位器 RP1 及电阻 R_4 将输出电压分压后得到调节电压检测值,调节电位器 RP1 可控制输出电压的大小,输出电压值可由公式 $U_0 = U_{ref}\{1 + R_h/(R_L + R_4)\}$ 进行估算。其中,U_{ref} 为基准电压,为 2.1V。

IC 为专用开关型稳压集成电路 L4960,其外壳接地并接散热器。IC 外围电路中,除振荡电容 C_4 选择高频电容器,电阻 R_1、R_2 应选择允许偏差 <1% 的高精度金属膜电阻外,其余元件无特殊要求,按图 4-15 中参数选取小型器件即可。由于输出电压为高频开关式,因此 IC 和功率三极管 VT 所需的散热器仅为普通稳压电源的 1/3,且性能远远高于普通的稳压电源。

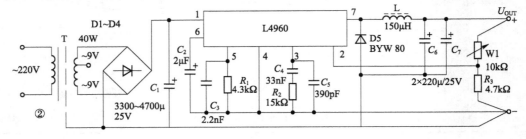

图 4-15 5 ~ 12V 连续可调稳压电源电路

(6)串行通信模块

STC89C51 单片机有一个全双工的串行通信口,以便于单片机和电脑之间进行串口通信。为了与计算机进行通信,设计了 RS232 串行通信接口,将该接口与 PC 机的串口连接,可以实现单片机与 PC 机的串行通信,进行双向数据传输。进行串行通信要满足一定的条件,比如电脑的串口是 RS232 电平(-5 ~ -15V 为 1,+5 ~ +15V 为 0),而单片机的串口是 TTL 电平(大于 +2.4V 为 1,小于 +0.7V 为 0),两者之间必有一个电平转换电路,图 4-16 用 MAX232 集成电路实现 RS232 电平与 TTL 电平的相互转换。此串行通信功能模块完成源程序代码下载到 STC89C51 芯片中,它需要和微机上的 ISP 下载器软件配合使用来完成该功能。

系统总电路为以上硬件各功能模块的有机结合,如图 4-16 所示。

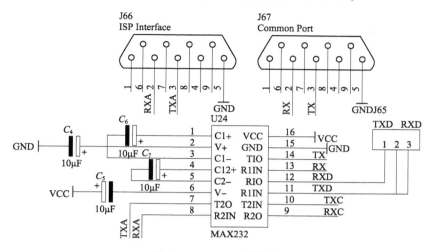

图 4-16   MAX232 串行通信

3. 系统软件设计

软件设计主要为主程序、数据处理显示程序、按键程序设计、定时器中断服务程序四个部分。

(1)主程序。主要完成初始化功能,包括 LED 显示的初始化,中断的初始化,定时器的初始化,寄存器、标志位的初始化等。主程序流程图如图 4-17 所示。

(2)数据处理显示模块程序。此模块中单片机对在 1s 内的计数值进行处理,转换成 r/min 送显示缓存以便显示。具体算法如下:设单片机每秒计数到 n 个值,即 $n/2(\text{r/s})$(圆盘贴两个磁钢)。则 $n/2(\text{r/s}) = 30n(\text{r/min})$。即只要将计数值乘以 30 便可得到每分钟电机的转速。数据处理显示模块流程图如图 4-18 所示。

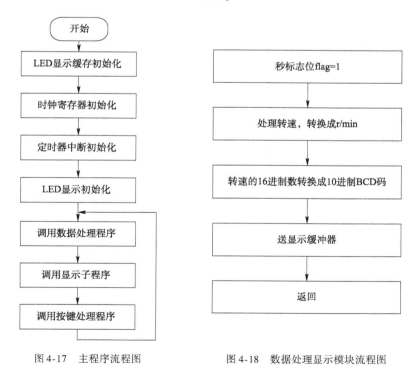

图 4-17   主程序流程图   图 4-18   数据处理显示模块流程图

71

（3）按键程序设计。按键程序包括按键防抖动处理、判键及修改项目等程序。按键流程图如图 4-19 所示。

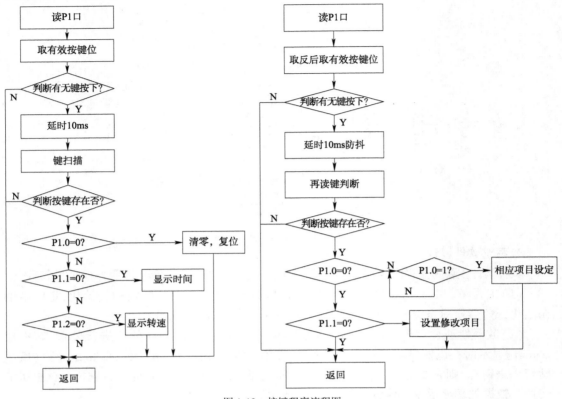

图 4-19　按键程序流程图

（4）定时器 1 中断服务程序设计。定时器 1 完成计时功能，定时 50ms，进行定时中断计数并每隔 1s 更新一次显示数据。流程图如图 4-20 所示。

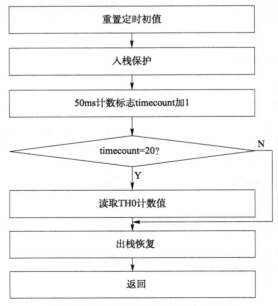

图 4-20　定时器 1 中断服务程序流程图

4. 制作调试

（1）硬件调试

硬件调试时先分步调试硬件中各个功能模块,调试成功后再进行统调。安装固定电机和霍尔传感器时,粘贴磁钢需注意,霍尔传感器对磁场方向敏感,粘贴之前可以先手动接近一下传感器,如果没有信号输出,可以换一个方向再试。

霍尔传感器探头要对准转盘上的磁钢位置,安装距离要在 10mm 以内才可灵敏的感应磁场变化。在磁场增强时霍尔传感器输出低电平,指示灯亮;磁场减弱时输出高电平,指示灯熄灭。当电机转动时,感应电压指示灯高频闪烁,所以视觉上指示灯不会有多大的闪烁感。当给 NJK-8002D 型霍尔传感器施加 15V 电压时其输出端可以输出 4V 的感应电压。输出幅值为 4V 的矩形脉冲信号。

LM358 整形电路调试:在焊接硬件电路时需细心排除元器件和焊接等方面可能出现的故障,元器件的安装位置出错或引脚插错都可能导致电路短路或实现不了电路应有的功能,甚至烧坏元器件。为方便调试,用信号发生器产生的 1kHz 的正弦信号送给 LM358 整形电路,调试直到可以输出矩形脉冲信号为止,该整形电路调试即可完成。然后以此信号为测试信号送给单片机系统,进行测量、显示等其他功能的调试。

（2）软件调试

测量系统与 PC 机连接时一定要先连接串行通信电缆,然后再将其电源线插入 USB 接口;拆除时先断开其电源,再断开串行通信电缆,否则极易损坏 PC 机的串口。

在进行软件编程调试时需要用到单片机的集成开发环境 MedWin V2.39 软件,编程时极易出现误输入或其他的一些语法错误,最重要的还有一些模块无语法错误却达不到预期的功能,都要经过调试才能排除。MedWin V2.39 软件具有很强大的编程调试功能,能够模拟仿真实际单片机的端口和内部功能部件的状态值。该软件中有硬件调试和软件调试功能,可以观察单片机内存单元对应的运行值,可以显示单片机端口、中断、定时器 1、定时器 2及串口对应的运行值。可以单步调试也可以模块调试,还可以对怀疑的语句模块设置断点。MedWin V2.39 具有的强大的编译调试功能,极大地方便了对软件部分的调试。在具体调试过程中,系统将各功能模块如数据处理程序、按键程序设计、中断服务子程序、LED 显示程序分别分开进行调试,最后进行主程序的整体调试。编译无误后生成目标代码 BIN 文件。

采用 STC 单片机下载软件 STC-ISP 将其下载到实验板的单片机中。下载软件的最后一步:点击软件 STC-ISP 界面中的[下载]按钮,在点击前一定要保持实验板的串行通信线及电源线与 PC 机连接良好,并且实验板的电源开关处于关闭状态,然后点击[下载]按钮,再打开实验板电源开关,此时软件将自动完成程序下载。最后将硬件和软件结合起来整体调试,实现系统的测速功能。

5. 测试结果分析

设计中电机转速的测量比较精确,与实际转速相差 10r/min 左右,精度在全量程范围内优于 10r/min,存在一定的误差,经分析主要是由以下原因造成:

（1）由于电机的转盘是采用塑料盘片磨制而成,高速旋转时容易打飘不稳,导致获得的脉冲信号频率与实际转速有一定的误差。

（2）中断处理的进入和中断处理程序都会有一定时间的误差,从而导致定时时间的误差,这也是造成测量误差的一个因素。

（3）在固定装置时,由于是手动操作,从而导致初始获得信号有一定的时差。

制作:转速表设计及制作方案

工具准备	
电路设计	
原理阐述	
硬件清单	

任务二 "霍尔效应"实验验证

一、实验目的

了解霍尔组件的应用——测量转速。

二、实验仪器

霍尔传感器,+5V、+4V、±6V、±8V、±10V 直流电源,转动源,频率/转速表。

三、实验原理

利用霍尔效应表达式 $U_H = K_H IB$,当被测圆盘上装上 N 只磁性体时,转盘每转一周磁场变化 N 次,每转一周霍尔电势就同频率相应变化,输出电势通过放大、整形和计数电路就可以测出被测旋转物的转速。

四、仿真实验

(1)连接虚拟实验模板上的 +5V 电源导线到霍尔端口(将红、黑、蓝三个插针分别拉到相应的插孔处,连线提示状态框提示"连线正确",错误则提示"连线错误,请重新连线"。每次连线正确与否,都有提示)。

(2)连接示波器两端到霍尔信号输出端口,并点击示波器图标,弹出示波器窗口,如图 4-21 所示。

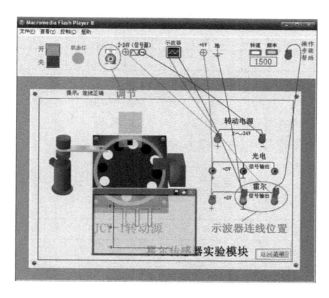

图 4-21　示波器窗口

（3）打开图 4-21 中左上角的电源开关,指示灯呈黄色。

（4）连接虚拟实验模板上的 2～24V 信号源导线到转动电源两端,则示波器上输出一条红色基准线。

（5）调节 2～24V 信号源旋钮,则转盘开始转动,转速和频率计分别显示转速和频率,波形输出为方波,信号源频率调得越高,转盘转得越快。

（6）如果对本次实验不满意,可点击电源开关的“关”,则所有的控件、按钮恢复初始状态,即可重新做实验。

（7）如果想结束本实验,则点击虚拟实验模板右下角的“返回菜单”,返回主菜单界面,或直接关闭本 flash。

五、实验内容与步骤

（1）根据图 4-22 将霍尔传感器安装在传感器支架上,且霍尔组件正对着转盘上的磁钢。

（2）将 +5V 电源接到三源板上“霍尔”输出的电源端,“霍尔”输出接到频率/转速表（切换到测转速位置）。

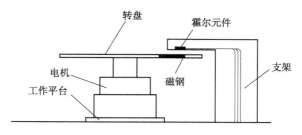

图 4-22　实验接线图

（3）打开实验台电源,选择不同电源 +4V、+6V、+8V、+10V、12V（±6）、16V（±8）、20V（±10）、24V 驱动转动源,可以观察到转动源转速的变化,待转速稳定后将相应驱动电压下得到的转速值记录到表4-4 中。也可用示波器观测霍尔元件输出的脉冲波形。

75

电压(V)	+4	+6	+8	+10	12	16	20	24
转速(r/min)								

实 验 记 录　　　　　　　　表 4-4

六、实验报告

（1）分析霍尔组件产生脉冲的原理。

（2）根据记录的驱动电压和转速，作 U-R_{PM} 曲线。

任务三　行动计划书

项目名称					
项目背景					
项目目标					
项目任务					
项目组织	组长		职责		
	成员1		职责		
	成员2				
任务推进	（此处需要将总任务进行分解，对项目成员的职责进行任务转换，可在此处列出总体，需要另行设计细化的推进表。）				
沟通记录	（此处只列出个别重要记录，其他需要职责为沟通协调任务的成员另行详细记录。）				
项目总结	（此处只列出项目总结提纲，详细总结需要体现在项目设计文本中。）				

注：本行动计划书仅为参考样例，在教学实施过程中，根据学生各小组特点，可进行改造，同时要不断细化。行动计划书是整个项目过程控制、实施的记录性材料，将是任务完成的参考材料之一。

项目五 "声光双控"廊灯设计与制作

学院走廊灯进行节能改造,由原先的手动开关等改造成声光双控形式,要求发出超过 60dB 声音时亮灯,且当亮度低于 30lx 时自行打开,请设计该方案并进行制作。

任务一 "声光双控"廊灯电路设计

一、光电效应

光电式传感器的作用原理是基于一些物质的光电效应。光电效应一般分为外光电效应、内光电效应。

1. 外光电效应

在光线照射下,电子逸出物体表面向外发射的现象称为外光电效应,也叫光电发射效应。其中,向外发射的电子称为光电子,能产生光电效应的物质称为光电材料。众所周知,光子是具有能量的粒子,每个光子具有的能量可由下式确定:

$$E = hv$$

式中:h——普朗克常数(J·s),$h = 6.626 \times 10^{-34}$J·s;

v——光的频率(s^{-1})。

物体在光的照射下,电子吸收光子的能量后,一部分用于克服物质对电子的束缚,另一部分转化为逸出电子的动能。设电子质量为 m($m = 9.1091 \times 10^{-31}$ kg),电子逸出物体表面时的初速度为 v,电子逸出功为 A,则据能量守恒定律有:

$$E = \frac{1}{2}mv^2 + A$$

这个方程称为爱因斯坦的光电效应方程。可以看出,只有当光子的能量 E 大于电子逸出功 A 时,物质内的电子才能脱离原子核的吸引向外逸出。由于不同的材料具有不同的逸出功,因此对某种材料而言便有一个频率限,这个频率限称为红限频率。当入射光的频率低于红限频率时,无论入射光多强,照射时间多久,都不能激发出光电子;当入射光的频率高于红限频率时,不管它多么微弱,也会使被照射的物体激发电子。而且光越强,单位时间里入射的光子数就越多,激发出的电子数目也越多,因而光电流就越大。光电流与入射的光强度成正比关系。

2. 内光电效应

在光线照射下,物体内的电子不能逸出物体表面,而使物体的电导率发生变化或产生光生电动势的效应称为内光电效应。内光电效应又可分为光电导效应和光生伏特效应。在光线作用下,电子吸收光子能量后而引起物质电导率发生变化的现象称为光电导效应;在光线照射下,半导体材料吸收光能后,引起 PN 结两端产生电动势的现象称为光生伏特效应。

二、外光电效应器件

基于外光电效应工作原理制成的光电器件,一般都是真空的或充气的光电器件,如光电管和光电倍增管。

1. 光电管

（1）光电管的结构

光电管由一个涂有光电材料的阴极和一个阳极构成,并且密封在一只真空玻璃管内。阴极通常是用逸出功小的光敏材料涂敷在玻璃泡内壁上做成,阳极通常用金属丝弯曲成矩形或圆形置于玻璃管的中央。真空光电管的结构如图 5-1 所示。

（2）光电管的工作原理

当光电管的阴极受到适当波长的光线照射时,便有电子逸出,这些电子被具有正电位的阳极所吸引,在光电管内形成空间电子流。如果在外电路中串入一适当阻值的电阻,则在光电管组成的回路中形成电流 I_ϕ,并在负载电阻 R_L 上产生输出电压 U_{out}。在入射光的频谱成分和光电管电压不变的条件下,输出电压 U_{out} 与入射光通量 Φ 成正比,如图 5-2 所示。

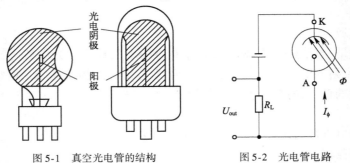

图 5-1　真空光电管的结构　　　　图 5-2　光电管电路

2. 光电倍增管

当入射光很微弱时,普通光电管产生的光电流很小,只有零点几微安,很不容易探测。为了提高光电管的灵敏度,这时常用光电倍增管对电流进行放大。

（1）光电倍增管的结构

光电倍增管由光阴极、次阴极（倍增电极）以及阳极三部分组成,如图 5-3 所示。光阴极是由半导体光电材料锑铯做成,次阴极是在镍或铜—铍的衬底上涂上锑铯材料而形成的,次阴极多的可达 30 级,通常为 12 ~ 14 级。阳极是最后用来收集电子的,它输出的是电压脉冲。

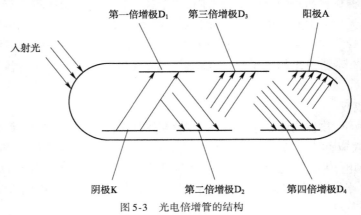

图 5-3　光电倍增管的结构

（2）光电倍增管的工作原理

光电倍增管是利用二次电子释放效应,将光电流在管内部进行放大。所谓的二次电子是指当电子或光子以足够大的速度轰击金属表面而使金属内部的电子再次逸出金属表面,这种再次逸出金属表面的电子叫作二次电子。

光电倍增管的光电转换过程为:当入射光的光子打在光电阴极上时,光电阴极发射出电子,该电子流又打在电位较高的第一倍增极上,于是又产生新的二次电子;第一倍增极产生的二次电子又打在比第一倍增极电位高的第二倍增极上,该倍增极同样也会产生二次电子发射,如此连续进行下去,直到最后一级的倍增极产生的二次电子被更高电位的阳极收集为止,从而在整个回路里形成光电流 I_A。

3. 外光电效应器件的应用

（1）烟尘浊度监测仪

防止工业烟尘污染是环保的重要任务之一。为了消除工业烟尘污染,首先要知道烟尘排放量,因此必须对烟尘源进行监测。

烟道里的烟尘浊度是通过光在烟道里传输过程中的变化大小来检测的。如果烟道浊度增加,光源发出的光被烟尘颗粒的吸收和折射增加,到达光检测器上的光减少,因而光检测器输出信号的强弱便可反映烟道浊度的变化。

如图 5-4 所示为吸收式烟尘浊度监测系统的组成框图。为了检测出烟尘中对人体危害性最大的亚微米颗粒的浊度和避免水蒸气及二氧化碳对光源衰减的影响,选取可见光作为光源(波长为 $400 \sim 700$ nm 的白炽光)。光检测器选择光谱响应范围为 $400 \sim 600$ nm 的光电管,以获取随浊度变化的相应电信号。为了提高检测灵敏度,采用具有高增益、高输入阻抗、低零漂、高共模抑制比的运算放大器,对信号进行放大。刻度校正被用来进行调零与调满刻度,以保证测试的准确性。显示器用来显示浊度瞬时值。报警电路由多谐振荡器组成,当运算放大器输出浊度信号超过规定值时,多谐振荡器工作,输出信号经放大后推动扬声器发出报警信号。

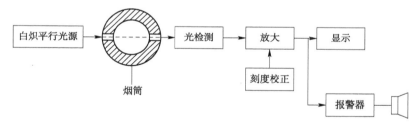

图 5-4 吸收式烟尘浊度监测仪框图

（2）路灯光电控制器

路灯光电控制器由于采用光电倍增管作为光传感器,电路的灵敏度高,能有效地防止电路状态转换时的不稳定过程。电路中还设有延时电路,具有对雷电和各种短时强光的抗干扰能力。

路灯光电控制器的电路如图 5-5 所示。电路主要由光电转换级、运放滞后比较级、驱动极组成。白天光电管 VT_1 的光电阴极受到较强的光照时,光电管产生的光电流使得场效应管 VT_2 栅极上的正电压增高,漏源电流增大,这时在运算放大器 IC 的反相输入端的电压约为 $+3.1$ V,所以运算放大器输出为负电压,VD_7 处于截止状态,VT_3 也处于截止状态,继电器 K 不工作,其触点 K_1 为常开状态,因此路灯不亮。到了傍晚时分,由于环境光线减弱,光电管 VT$_1$ 的电流减小,使得场效应管 VT$_2$ 栅极电压和漏源电流随之减小。这时在运算放大器 IC 反相输入端上的电压为负电压,在其输出端输出有 +13V 的电压,因此 VD$_7$ 导通,VT$_3$ 随之导通饱和,继电器 K 工作,其常开触点 K$_1$ 闭合,路灯被点亮。到第二天清晨,由于光照的加强,电路则自动转换为关闭状态。

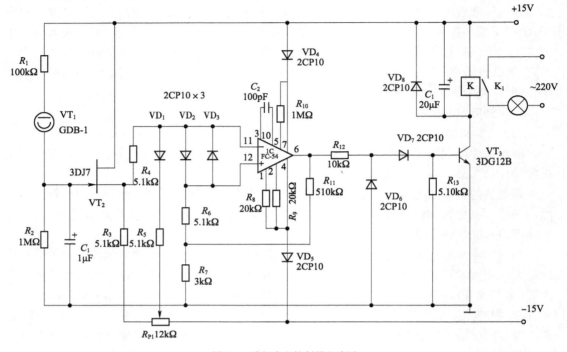

图 5-5　路灯光电控制器电路图

为防止雷雨天的闪电或突然短时间的强光照射,使电路造成误动作。在电路中,由 C$_1$、R$_1$ 及光电管的内阻构成一个延时电路,延时为 3～5s,这样即使有短时的强光作用也不会使电路翻转,仍能保持电路的正常工作。

为防止自然光从亮到暗变化时不稳定现象的发生,在电路中还接有正反馈电阻 R$_{11}$。R$_{11}$ 的一端接在运算放大器 IC 的输出端,另一端经 R$_6$、R$_7$ 分压后接在 IC 的同相输入端。由于有了正反馈,只要电路一转换,就会使电路处于稳定状态。

电路中的 VD$_1$ 是温度补偿二极管,用它来补偿场效应管 VT$_2$ 栅源极之间结压降随温度的变化。二极管 VD$_2$、VD$_3$ 是为保护运算放大器而设置的。VD$_4$、VD$_5$ 主要用来防止反向电压进入运算放大器。VD$_8$ 为续流二极管。

三、光电导器件

1. 光敏电阻

光敏电阻是基于光电导效应工作原理制成的光电器件。

（1）光敏电阻的结构

光敏电阻又称为光导管。光敏电阻几乎都是用半导体材料制成。光敏电阻的结构较简单,如图 5-6 所示。在玻璃底板上均匀地涂上薄薄的一层半导体物质,半导体的两端装上金属电极,使电极与半导体层可靠地电接触,然后,将它们压入塑料封装体内。为了防止周围介质的污染,在半导体光敏层上覆盖一层漆膜,漆膜成分的选择要求为:使其在光敏层最敏感的波长范围内透射率最大。

制作光敏电阻的材料一般由金属的硫化物、硒化物、碲化物等组成。如硫化镉、硫化铅、硫化铊、硫化铋、硒化镉、硒化铅、碲化铅等。

（2）光敏电阻的工作原理

光敏电阻的工作原理是基于光电导效应。当无光照时,光敏电阻具有很高的阻值;当光敏电阻受到一定波长范围的光照射时,光子的能量大于材料的禁带宽度,价带中的电子吸收光子能量后跃迁到导带,激发出可以导电的电子—空穴对,使电阻降低;光线越强,激发出的电子—空穴对越多,电阻值越低;光照停止后,自由电子与空穴复合,导电性能下降,电阻恢复原值。

如果把光敏电阻连接到外电路中,在外加电压的作用下,用光照射就能改变电路中电流的大小,光敏电阻接线电路如图 5-7 所示。

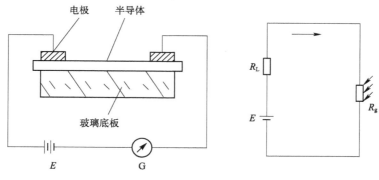

图 5-6 光敏电阻的结构　　　　　图 5-7 光敏电阻接线电路

光敏电阻在受到光的照射时,由于内光电效应使其导电性能增强,电阻 R_g 值下降,所以流过负载电阻 R_L 的电流及其两端的电压也随之变化。

2. 光电导器件的应用

（1）灯光亮度自动控制器

灯光亮度自动控制器可按照环境光照强度自动调节白炽灯或荧光灯的亮度,从而使室内的照明自动保持在最佳状态,避免人们产生视觉疲劳。

控制器主要由环境光照检测电桥、放大器 A、积分器、比较器、过零检测器、锯齿波形成电路、双向晶闸管 V 等组成,电路图如图 5-8 所示。过零检测器对 50Hz 市电电压的每次过零点进行检测,并控制锯齿波形成电路使其产生与市电同步的锯齿波电压,该电压加在比较

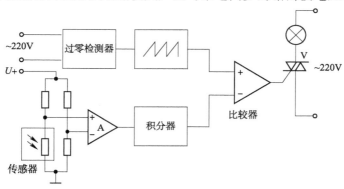

图 5-8 灯光亮度自动控制器原理图

器的同相输入端。另外,由光敏电阻与电阻组成的电桥将环境光照的变化转换成直流电压的变化,该电压经放大并由积分电路积分后加到比较器的反相输入端,其数值随环境光照的变化而缓慢地成正比例变化。

两个电压的比较结果,便可从比较器输出端得到随环境光照强度变化而脉冲宽度发生变化的控制信号,该控制信号的频率与市电频率同步,其脉冲宽度反比于环境光照,利用这个控制信号触发双向晶闸管,改变其导通角,便可使灯光的亮度随环境光照做相反的变化,从而达到自动控制环境光照不变的目的。

(2)光控闪烁安全警示灯

道路施工时,需在施工现场挂上红色安全警示灯,以保护行人和行车的安全。高层建筑物的顶端按有关的规定必须设置红色警示灯,以确保飞机安全航行。光控闪烁安全警示灯比现在用的红色警示灯增加了光控和闪烁功能,白天它可自动熄灭,傍晚可自动点亮并发出引人注目的闪烁光。

光控闪烁安全警示灯电路图如图 5-9 所示。它由极少数元件组成,其中光敏元件采用 CdS(硫化镉)光敏电阻,VT 为双向晶闸管,它的触发电压经双向触发二极管 VD_2 从电容 C 两端取得。当接通电源后,220V 交流电经二极管 VD_1 半波整流,通过 R_1 向 C 充电,因充电电流很小,警示灯不会点亮。C 上的充电电压取决于 R_1 和光敏电阻 R_L 的分压值。白天,光敏电阻 R_L 受自然光源的照射呈现低阻值,电容 C 两端的电压超不过双向触发二极管 VD_2 的转折电压,双向晶闸管 VT 因无触发电压而处于截止状态,警示灯 E 不亮;夜晚,环境自然光变暗,光敏电阻 R_L 呈现高阻值,电容 C 两端的电压不断增高,当电压超过双向触发二极管 VD_2 的转折电压时,VD_2 导通,电容 C 通过 VD_2 和 R_2 放电,双向晶闸管获得足够的触发电流而导通,警示灯 E 点亮。当电容 C 上的电压放电到一定程度时,双向触发二极管重新截止,双向晶闸管 VT 失去触发电流在交流电过零时关断,警示灯熄灭。之后,电容 C 又按上述过程反复充电、放电,使双向晶闸管不断地截止与导通,控制着警示灯发出闪烁的亮光。

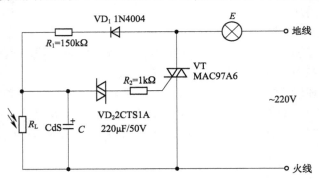

图 5-9 光控闪烁安全警示灯电路图

(3)测光器

如图 5-10 所示为测光器的电路原理图。电路中使用 CdS 光敏电阻作为测光元件,使用 ZH-3 测光专用集成电路,采用 3 只发光二极管作为显示元件。

ZH-3 集成电路内包括恒流源、电平跟随器及发光二极管驱动电路。IC 内的恒流源主要用来向 CdS 光敏电阻提供偏置,使 CdS 光敏电阻两端产生一定的输入电压,由于 CdS 光敏电阻的阻值随光照亮度而变化,故电平跟随器的输入电压和输出电压也随光照的强弱发生变化。当光照亮度在合适范围时,U_A 输出端为高电平,U_B 端为低电平,由门1~门3组成的三态显示驱动器中的门 2 输出为低电平,发光二极管 VD_3 亮,表示亮度合适。而此时的门 1 和门 3 均输出高电平,故发光二极管 VD_2 和 VD_1 均不亮。当亮度过弱时,U_A 输出低电平,U_B 也为低电平,此时只有门 1 输出低电平,使发光二极管 VD_2 亮,VD_3 和 VD_1 均熄灭,表示亮度太弱。如果光照亮度太强,则 U_A 输出高电平,U_B 也为高电平;门 3 输出低电平,发光二极管 VD_1 亮,VD_2 和 VD_3 均熄灭,表示亮度太强。上述的逻辑关系如表 5-1 所示。

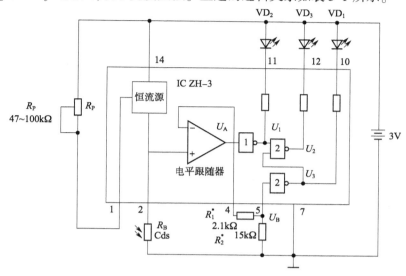

图 5-10　测光器电路原理图

逻 辑 关 系　　　　　　　　　　　　　　　　　表 5-1

U_A	U_B	U_1	U_2	U_3	VD_1	VD_2	VD_3
0	0	0	1	1	熄灭	亮	熄灭
1	0	1	0	1	熄灭	熄灭	亮
1	1	1	1	0	亮	熄灭	熄灭

从电路中可以看出,当光照强度一定时,U_A 点的电压取决于恒流源输出电流的幅度,该电流可通过电位器 R_P 来调节,以便使发光二极管 VD_3 在标准的光照下发光。除此之外,电阻 R_1 和 R_2 的阻值比对显示驱动器的窗口电平有明显的影响,因此,调节 R_1 与 R_2 的比值,可使窗口电平改变,即改变了光照强度合适的范围。所以,只要正确调节和确定 R_P、R_1、R_2 的阻值,便可使测光器满足不同的测光要求。该测光器具有工作电压低、功耗小、输出电流大等特点,因此,它可以应用在照相机和光度计中作测光使用。

四、光生伏特器件

基于光生伏特效应工作原理制成的光电器件有光敏二极管、光敏三极管和光电池。

1. 光敏二极管

（1）光敏二极管的结构

光敏二极管的结构与普通半导体二极管在结构上是类似的。图 5-11 是光敏二极管的结构图。在光敏二极管管壳上有一个能射入光线的玻璃透镜,入射光通过玻璃透镜正好照射在管芯上。发光二极管的管芯是一个具有光敏特性的 PN 结,它被封装在管壳内。发光二极管管芯的光敏面是通过扩散工艺在 N 型单晶硅上形成的一层薄膜。光敏二极管的管芯以及管芯上的 PN 结面积做得较大,而管芯上的电极面积做得较小,PN 结的结深比普通半导体二极管做得浅,这些结构上的特点都是为了提高光电转换的能力。另外与普通的硅半导体二极管一样,在硅片上生长了一层 SiO_2 保护层,它把 PN 结的边缘保护起来,从而提高了管子的稳定性,减小了暗电流。

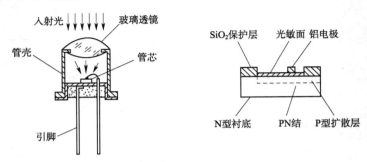

图 5-11　光敏二极管的结构图

（2）光敏二极管的原理

光敏二极管和普通半导体二极管一样,它的 PN 结具有单向导电性,因此光敏二极管工作时应加上反向电压,如图 5-12 所示。当无光照时,处于反偏的光电二极管工作在截止状态,这时只有少数载流子在反向偏压的作用下,越过阻挡层形成微小的反向电流,即暗电流。反向电流小的原因是在 PN 结中,P 型中的电子和 N 型中的空穴很少。当光照射在 PN 结上时,PN 结附近受光子轰击,吸收其能量而产生电子—空穴对,使得 P 区和 N 区的少数载流子浓度增加,在外加反偏电压和内电场的作用下,P 区的少数载流子越过阻挡层进入 N 区,N区的少数载流子越过阻挡层进入 P 区,从而使通过 PN 结的反向电流增加,形成光电流。光电流流过负载电阻 R_L 时,在电阻两端将得到随入射光变化的电压信号。光敏二极管就是这样完成光电功能转换的。

（3）光敏三极管的原理

将光敏三极管接在如图 5-13 所示的电路中,光敏三极管的集电极接正电压,其发射极接负电压。当无光照射时,流过光敏三极管的电流,就是正常情况下光敏三极管集电极与发射极之间的穿透电流 I_{ceo},它也是光敏三极管的暗电流,其大小为:

$$I_{ceo} = (1 + h_{FE})I_{cho}$$

式中:h_{FE}——共发射极直流放大系数;

　　　　I_{cho}——集电极与基极间的反向饱和电流。

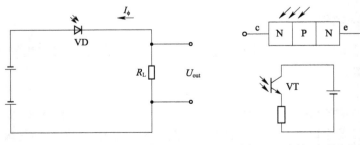

图 5-12　光敏二极管电路图　　　　　图 5-13　光敏三极管电路图

当有光照射在基区时,激发产生的电子—空穴对增加了少数载流子的浓度,使集电极反

84

向饱和电流大大增加,这就是光敏三极管集电极的光生电流。该电流注入发射极进行放大成为光敏三极管集电极与发射极间电流,也就是光敏三极管的光电流。可以看出,光敏三极管利用类似普通半导体三极管的放大作用,将光敏二极管的光电流放大了$(1 + h_{FE})$倍。所以,光敏三极管比光敏二极管具有更高的灵敏度。

2. 光电池

(1)光电池的结构

光电池是在光线照射下,直接将光量转变为电动势的光电元件,实质上就是电压源。这种光电器件是基于阻挡层的光电效应。硅光电池是在一块 N 型硅片上,用扩散的方法掺入一些 P 型杂质(例如硼)形成 PN 结,如图 5-14 所示。

(2)光电池的原理

入射光照射在 PN 结上时,若光子能量大于半导体材料的禁带宽度,则在 PN 结内产生电子—空穴对,在内电场的作用下,空穴移向 P 型区,电子移向 N 型区,使 P 型区带正电,N 型区带负电,因而 PN 结产生电势。当光照射到 PN 结上时,如果在两级间串接负载电阻,则在电路中便产生电流,如图 5-15 所示。

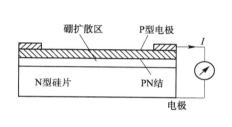

图 5-14　硅光电池结构示意图　　　　图 5-15　硅光电池原理图

3. 光生伏特器件的应用

(1)注油液位控制装置

如图 5-16 所示为注油液位控制装置图。DF 是控制进油的电磁阀,油箱的一侧有一根可显示液位的透明玻璃管,在玻璃管上套有一个光电传感器,传感器由指示灯泡和光敏二极管组成,它可以在玻璃管上、下移动,以设定所控注油的液位。

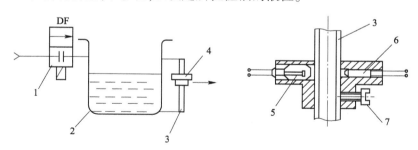

图 5-16　注油液位控制装置示意图

1-电磁阀;2-油箱;3-透明玻璃管;4-光电传感器;5-灯泡;6-光电二极管;7-紧固螺钉

如图 5-17 所示为液位控制电路图。当液位低于设定的位置时,灯泡发出的光经玻璃管壁的散射,到达光敏二极管的光微弱,光敏二极管 VD_1 呈现较大的阻值,此时 VT_1 和 VT_2 导通,继电器 K 工作,其常开触点 K_1 闭合,电磁阀 DF 得电工作,由关闭状态转为开启状态,油源开始向油箱注油。当油位上升超过设定的液位时,灯泡发出的光经透明玻璃管内油柱形成的透镜,使光敏二极管 VD_1 接收到强光,其内阻变小,此时 VT_1 和 VT_2 由导通状态变为截止状态,继电器 K 停止工作,释放触点 K_1,电磁阀 DF 失电而关闭,停止注油。

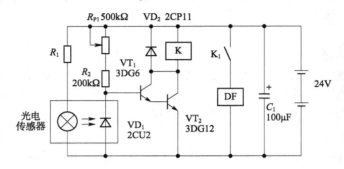

图 5-17　液位控制电路图

(2)光控闪光标志灯

光控闪光标志灯电路原理图如图 5-18 所示。电路主要由 M5332L 通用集成电路 IC、光敏三极管 VT_1 及外围元件等组成。白天,光敏三极管 VT_1 受到光照内阻很小,使 IC 的输入电压高于基准电压,于是 IC 的 6 脚输出为高电平,标志灯 E 不亮;夜晚,无光照射光敏三极管 VT_1,其内阻增大,使 IC 的输入电压低于基准电压,于是 IC 内部振荡器开始振荡,其频率为 1.8Hz,与此同时,IC 内部的驱动器也开始工作,使 IC 的 6 脚输出为低电平,在振荡器的控制下,标志灯 E 以 1.8Hz 频率闪烁发光,以警示有路障存在。

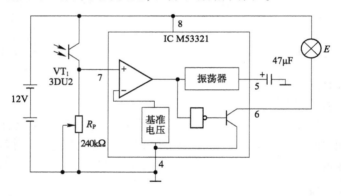

图 5-18　光控闪光标志灯电路原理图

(3)测光文具盒

学生在学习时,如果不注意学习环境光线的强弱,很容易损害视力。测光文具盒是在文具盒上加装测光电路组成的,它不但有文具盒的功能,而且能显示光线的强弱,这样可指导学生在合适的光线下学习,以保护学生的视力。

如图 5-19 所示为测光文具盒的测光电路。电路中采用 2CR11 硅光电池作为测光传感器,它被安装在文具盒的表面,直接感受光的强弱。采用两个发光二极管作为光照强弱的指示。当光照度小于 100lx 时,光电池产生的电压较小,半导体管压降较大或处于截止状态,两个发光二极管都不亮;当光照度在 100~200lx 之间时,发光二极管 VD_2 点亮,表示光照度适中;当光照度大于 200lx 时,光电池产生的电压较高,半导体管压降较小,此时两个发光二极管均点亮,表示光照太强了。借助测光表调节电位器 R_P 和 R^* 可使电路满足上述要求。

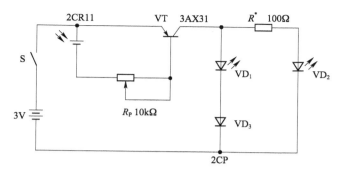

图 5-19　测光文具盒测光电路

五、样例:声光双控照明延时电路设计与制作

1. 总体电路设计及其原理说明

整个电路由电源电路、放大电路、声控电路、光控电路及延时电路等部分组成。

(1)当白天或夜晚光线较亮时,整个电路由光控部分控制,声控部分不起作用。光控电路对外界光亮程度进行检测,输出与光亮程度相对应的电压信号,从而实现白天灯泡不亮。此时即便有声音,灯泡也不亮。

(2)当光线较暗时,负载电路的通断受控于声控部分。声控电路主要将声音信号转变为电信号,电路是否接通,取决于声音信号的强度。当声强达到一定程度时,电路自动接通,点亮灯泡。

(3)灯泡点亮后,延时电路控制延时36s,当延时时间到,再等待下一次声音信号触发。

(4)电路带强切功能,在特殊情况下可强制切断。

针对以上要求,做如下原理说明。

1)声控电路

声控电路的主要原理:根据声学和电子学的原理,用声音传感器将声音信号转换成电信号,从而推动触发器触发使电路导通工作。

作为一个智能化声控电路应具有以下功能:

(1)能在声音的控制下实现电路的导通与截止。

(2)声音的发出应是多方面的,如脚步声、物体打击声等。

(3)响应时间应越短越好。

为此在选择电路元器件时应选择灵敏度较高的声音传感器组成声控电路控制电路的前端,同时还要为该传感器设置传感条件如声音响度必须在20dB以上才能响应等。中间端采用触发器构成,利用触发器不触不发,一触即发的特点推动照明电路工作,应选择灵敏度高,响应时间短的触发器,如 D 触发器、JK 触发器等。

2)光控电路

光控电路的主要原理:利用光敏元件随光照强度的变化而阻抗发生变化的特点,去控制电信号的强弱,再由传感器将变化的电信号传递给触发器,只要电信号强度达到一定程度即可触发触发器使其导通工作。

在这样的电路设计中,对电路元器件的要求也极为高,尤其是光敏元件。光敏元件是光控电路功能实现的核心,必须保证其各项参数的精确、稳定。

半导体光敏元件是基于半导体光电效应的光电转换传感器,又称为光电敏感器。采用光、电技术能实现无接触、远距离、快速和精确测量,因此半导体光敏元件还常用来间接测量能转换成光量的其他物理或化学量。半导体光敏元件按光电效应的不同而分为光导型和光生伏打型。光导型即光敏电阻,是一种半导体均质结构。光生伏打型包括光电二极管、光电三极管、光电池、光电场效应管和光控可控硅等,它们属于半导体结构型器件。半导体光敏元件的主要参数和特性有灵敏度、探测率、光照率、光照特性、伏安特性、光谱特性、时间和频率响应特性以及温度特性等,它们主要由材料、结构和工艺决定。半导体光敏元件广泛应用于精密测量、光通信、计算技术、摄像、夜视、遥感、制导、机器人、质量检查、安全报警以及其他测量和控制装置中。常见的光敏元件有光敏电阻、光敏二极管、光敏三极管等。

因此,在设计时不仅须考虑方案的可行性、稳定性,还必须充分考虑元器件的灵敏度,尤其是光敏元件必须选择灵敏度高的,这样电路的功能才能更容易实现。

3)延时电路

延时电路的主要原理:利用电子计数器的原理实现定时功能。

延时电路的构成方案一般有以下三种:

(1)硬件构成。

(2)软件构成。

(3)软硬相结合构成。

对于由硬件构成的定时器,一般是用改变 R、C 元件值控制定时的,其效率较高,但灵活性,通用性较差;而由软件构成的定时器是用执行一段程序来实现定时的,其灵活性通用性较高,但效率较差;故现在设计定时器一般都是采用软硬相结合的方法,通过编程设定不同的延时常数,而由硬件控制定时过程,如大规模集成电路可编程计数器8253,51单片机通过编程构成计数器等。

延时电路主要是为了完善电路功能,因此在延时结束后应发出一个结束信号,控制电路是否继续工作。

延时电路原理框图如图5-20所示。

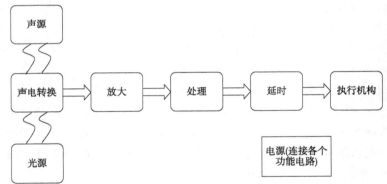

图5-20 延时电路原理框图

4)总体设计

根据设计要求及原理,电路主要由555集成电路和声、光控专用集成电路组成。

(1)白天或夜晚光线较亮时,光敏三极管接收到光信号,输出低电平,使得555输出低电平,可控硅截止,光控部分将开关自动关断,声控部分不起作用。

(2)当光线较暗时,光控部分将开关自动打开,光敏三极管的基极处于高电平状态,高电平再次放大使得三极管的集电极为低电平,555的复位端接收到高电平,同时声音信号从

MIC 输入,经三极管放大输入到 555 的输入端,触发 555 的输出高电平触发可控硅导通,使电源部分导通,灯亮。负载电路的通断同时受控于声控部分和光控部分。电路是否接通,取决于光照的强度以及声音信号强度。当光照和声强达到一定程度时,电路自动接通,点亮白炽灯,并开始延时,延时时间到,开关自动关断,等待下一次信号。

（3）灯亮一定时间以后,自动熄灭且可自动延时。延时电路使用 555 定时器实现其延时功能。555 定时器是一种将数字功能和模拟功能集为一体的中规模集成电路。它的结构比较简单,使用却非常灵活,也很方便,可以用它构成多谐波振荡器、施密特触发器和施密特触发器等。用 555 定时器构成的各种电路,都是通过定时控制,实现信号的产生与变换,从而完成其他控制功能。

（4）可靠性、安全性、寿命性应良好,价格低、使用方便。

2. 单元电路设计与分析

（1）电源设计

电路工作是否稳定,电路功能是否能实现,不仅仅取决于电路元器件,还和外加电源有关。

电源电路的种类繁多,如变压器降压,桥式整流全波整流,L_{c}、R_{c} 滤波,三端稳压器稳压等。具体采用何种电路,则根据主体电路及执行机构不同和可靠、价廉、有效益等要求进行选用。

根据安全、实用、廉价的要求,其电源的设计结构如图 5-21 所示。

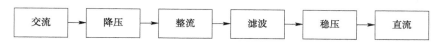

图 5-21　电源设计流程

因为 IC555 的供电电压为直流 4.5 ~ 16V,而家用供电电压为交流 220V,所以需要降压、整流。因为整流后的波形纹波很大,所以需要滤波。滤波后得到较平滑的直流,给 IC555 供电不稳定,需进一步稳压。此电源比一般简单的稳压电路更实用,成本更低,使用寿命更长。

（2）声控部分电路设计

作为声控部分的设计,必然少不了一个在无光照和拾取到声音时把电路导通,从而达到点亮灯起到照明作用的电子元件。这个电子元件就是驻极体话筒 MIC。

白天,因为光控电路阻断,所以无论多大声,灯都不会亮。到夜晚,光控电路导通,当人走动的脚步声传到传声器 MIC 时,声波转换为电信号,经三极管 Q3 放大,使灯亮。若声控灵敏度偏低,可增大 R_{10} 阻值,或换高放大倍数的三极管。声控电路系统放大整形电路设计结构如图 5-22 所示。

（3）光控部分电路的设计

以接收光的信号而将其变换为电气信号为目的而制成的晶体管称为光敏三极管,也叫光电三极管。

光敏三极管和普通三极管相似,也有电流放大作用,只是它的集电极电流不只受基极电路和电流控制,同时也受光辐射的控制。通常基极不引出,但一些光敏三极管的基极有引出,用于温度补偿和附加控制等作用。

所谓光控就是利用光敏三极管对不同光照呈现的阻抗不同,对时基电路 555 的四脚进行高低电平的控制,或处于等待触发状态,或处于强制复位状态。白天光照 Q_4 呈低阻,Q_2 正偏置而饱和倒通。其集电极电位,即 555 的 4 脚被钳制在 0.3V 左右,从而使 555 处于强制复位状态,此时不管 2 脚有多大的触发电平,555 均不会翻转置位。可控硅不会触发倒通,电灯无电不亮。夜晚光暗,此时 Q_4 呈高阻而截止,Q_5 无偏置电流,呈截止状态。555 的 4 脚呈高位,使 555 触发器处于单稳态触发状态,此时如果有声响,经拾音、放大、倍压整流后,正极性信号使 Q_1 饱和倒通,下跳变信号加之 555 的二脚使 555 翻转置位。3 脚由原来的低电平变为高电平(约 +8.5V),经 R_7 限流后触发双向可控硅 SCR1 并倒通,电灯点亮。电路原理图如图 5-23 所示。

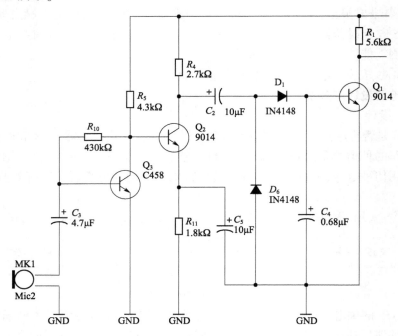

图 5-22　声控电路原理图

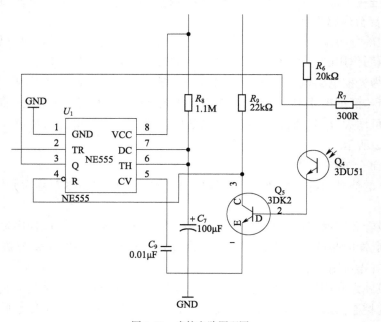

图 5-23　光控电路原理图

（4）延时处理部分电路的设计

以555为中心的延时电路多且常见，它电路结构简单，外围元件少，工作稳定。电容延时就是RC延时，利用电容的充放电调节RC时间常数来完成，一般要配合另外的一个触发电路来达到延时控制，实际上555延时电路就是用的RC充放电。

继电器延时在强电领域有时间继电器等，利用的是电磁原理。在弱电领域一般以固态继电器为主，但是它也只是一种控制器件。另外在数字电路中，利用振荡器和计数器也可以做成相当精确的延时电路。如果考虑成本，可以直接用RC延时，另外加上一个三极管就构成了一个延时控制电路。如果考虑性能但又不是很高，可以用555。如果是在高精度的场合，如数字取样等，那就要用数字式的延时电路。

根据本设计的思想，应使用更为简单、便宜而且性能也比较可靠的555延时电路。

（5）参数计算

在进行电路设计时，应根据电路的性能指标要求决定电路元器件的参数。例如根据电压放大倍数的大小，可决定反馈电阻的取值；根据延时时间要求，利用公式，可计算出决定时间大小的电阻和电容值等。但一般满足电路性能指标要求的理论参数值不是唯一的，设计者应根据元器件性能、价格、体积、通用性和货源等方面灵活选择。计算电路参数时应注意以下几点：

（1）计算元器件工作电流、电压和功率等参数时，应考虑工作条件最不利的情况，并留有适当的余量。

（2）对于元器件的极限参数必须留有足够的裕量，一般取1.5~2倍的额定值。

（3）对于电阻、电容参数的取值，应选计算值附近的标称值；非电解电容器一般在100pF~0.47μF选择；电解电容一般在1~2000μF范围内选用。

（4）在保证电路达到功能指标要求的前提下，尽量减少元器件的品种、价格、体积等。

（5）设计已确定的参数指标为：

①额定电压：220V；额定电流：1A；光线强度：≤10lx。

②亮灯持续时间：36s±5s；静态功耗：≤0.3W；动态功耗：≤0.9W。

3. 电路图绘制与PCB图制作

1）Protel 99 SE简介

本书采用的电路图绘制及PCB图制作软件是Protel 99 SE。Protel 99 SE设计系统是一套建立在PC环境下的EDA（Electronic Ddsign Automation）电路集成设计系统。

原理图设计步骤如下：

①选取元器件：根据原理图中所需选取合适的元器件。

②布局：将各元器件根据设计需要摆放在合理的位置，使原理图在不影响工作的情况下看起来美观。

③布线：将元器件各管脚，根据电路所需连接起来。

④封装：属性设置，即根据电路原理图所需，选取合适的封装。

⑤检查：先自己检查一遍，再通过ERC检测，有错误改正，没有就可以生成网络表了。检查是生成PCB之前必须做的一步。

2）PCB的生成

（1）PCB板框设计

①物理板框的设计一定要注意尺寸精确，避免安装出现麻烦，确保能够将电路板顺利安

装进机箱、外壳、插槽等。

②拐角的地方(例如矩形板的四个角)最好使用圆角。一方面避免直角、尖角刮伤人,另一方面圆角可以减轻应力作用,减少 PCB 板因各种原因出现断裂的情况。

③在布局前应确定好各种安装孔(例如螺丝孔)及各种开口、开槽。一般来说,孔与 PCB 板边缘的距离应至少大于孔的直径。

④当电路板的面积大于 200mm×150mm 时,应重视该板所受的机械强度。从美学角度来看,电路板的最佳形状为矩形。长和宽之比最好是黄金比值 0.618(黄金比值的应用也是很广的)。实际应用时可取宽和长之比为 2:3 或 3:4 等。

(2)PCB 板布局设计

元件布置是否合理对整板的寿命、稳定性、易用性及布线都有很大的影响,是设计优秀 PCB 板的前提。

(3)PCB 板布线设计

设计时应注意以下几点:

①输入和输出的导线应避免相邻、平行,以免发生回授,产生反馈耦合。可以的话应加地线隔离。

②布线时尽量走短、直的线,特别是数字电路高频信号线,应尽可能地短且粗,以减少导线的阻抗。

③遇到需要拐角时,高压及高频线应使用 135° 的拐角或圆角,杜绝小于 90° 的尖锐拐角。90° 的拐角也尽量不使用,这在高频高密度情况下更要关注,这些都是为了减少高频信号对外的辐射和耦合。

④相邻两层的布线要避免平行,以免容易形成实际意义上的电容而产生寄生耦合。例如,双面板的两面布线宜相互垂直、斜交或弯曲走线。

⑤数据线尽可能宽一点(特别是单片机系统),以减少导线的阻抗。数据线的宽度至少不小于 12mil(0.3mm),可以的话,采用 18~20mil(0.46~0.5mm)的宽度就更为理想。

⑥注意元件布线过程中,过孔使用越少越好。数据表明,一个过孔带来约 0.5pF 的分布电容,减少过孔数量能显著提高速度。

⑦同类的地址线或数据线,走线的长度差异不要太大,否则短的线要人为弯曲加长走线,补偿长度的差异。

(4)地线设计

①对模拟电路来说,地线的处理相当重要。

②对数字电路来说,由于时钟频率高,布线及元件间的电感效应明显,地线阻抗随着频率的上升而变得很大,产生射频电流,电磁干扰问题突出。

③充分利用表面粘贴式元件(贴片元件),少用直插式元件。

④数字电路的地和模拟电路的地要分开处理。

⑤正确运用单点接地和多点接地。在低频电路中,信号的工作频率小于 1MHz,它的布线和元器件间的连线电感影响较少,而接地电路形成的地环流对干扰影响较大,因而应采用一点接地。

⑥尽量加粗接地线。尤其模拟地线应尽量加大引出端的接地面积。

(5)铺铜设计

①为了提高系统的可靠性,大面积铺地是必需的,而且是行之有效的,特别是微弱信号

处理的电路。

②PCB 板上应尽可能多的保留铜箔作铺地。这样得到的传输线特性和屏蔽效果比一条长长的地线要好。

③大面积铺铜通常有两种作用:一是散热,二是提高抗干扰能力。

④在铺设大面积的铜皮时,建议将其设置成网状。

⑤大面积铺铜距离板边缘至少保证 0.3mm 以上。因为在切割外形时,如果切到铜箔上,就容易造成铜箔翘起产生尖刺或引发焊剂脱落。

(6)PCB 最终生成

①设置:这一步主要是设置板层、字体和尺寸。

②Load netlist:这一步也就是改错,进入 Footprint not int 将元器件导入 PCB,要是之前的步骤没有错误,就可以直接导入了,要是有错,系统就会检测出哪一块出了问题,方便改错,改错完之后应重新生成网络表。PCB 图如图 5-24 所示。

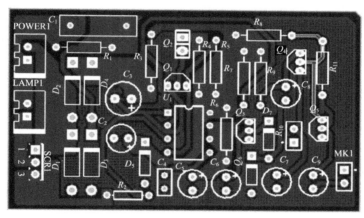

图 5-24　PCB 图

制作:声光双控灯设计及制作方案

工具准备	
电路设计	
原理阐述	
硬件清单	

任务二 "光电效应"实验验证

一、实验目的

了解光电转速传感器测量转速的原理及方法。

二、实验仪器

转动源、光电传感器、直流稳压电源、频率/转速表、示波器。

三、实验原理

光电式转速传感器有反射型和透射型两种,本实验装置是透射型的,传感器端部有发光管和光电池,发光管发出的光源通过转盘上的孔透射到光电管上,并转换成电信号,由于转盘上有等间距的 6 个透射孔,转动时将获得与转速及透射孔数有关的脉冲,将电脉计数处理即可得到转速值。

四、仿真实验

(1)连接虚拟实验模板上的 +5V 电源导线到霍尔端口(将红、黑两个插针分别拉到相应的插孔处,连线提示状态框提示"连线正确",错误则提示"连线错误,请重新连线"。每次连线正确与否,都有提示)。

(2)连接示波器两端到光电信号输出端口,并点击示波器图标,弹出示波器窗口,如图5-25所示。

(3)打开图 5-25 中左上角的电源开关,指示灯呈黄色。

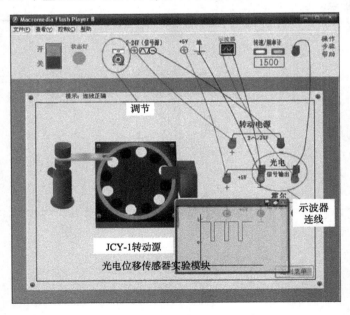

图 5-25 示波器窗口

（4）连接虚拟实验模板上的 2～24V 信号源导线到转动电源两端,则示波器上输出一条红色基准线。

（5）调节 2～24V 信号源旋钮,则转盘开始转动,转速和频率计分别显示转速和频率,波形输出为方波,信号源频率调得越高,转盘转得越快。

（6）如果对本次实验不满意,可点击电源开关的"关",则所有的控件、按钮恢复初始状态,即可重新做实验。

（7）如果想结束本实验,则点击虚拟实验模板右下角的"返回菜单",返回主菜单界面,或直接关闭本 flash。

五、实验内容与步骤

（1）光电传感器已安装在转动源上,如图 5-26 所示。+5V 电源接到三源板"光电"输出的电源端,光电输出接到频率/转速表的"fin"。

（2）打开实验台电源开关,用不同的电源驱动转动源转动,记录不同驱动电压对应的转速,填入表 5-2,同时可通过示波器观察光电传感器的输出波形。

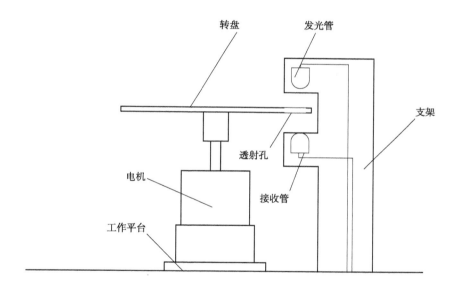

图 5-26　接线图

转 速 记 录 表　　　　　　　　　　　　　　　　表 5-2

驱动电压 U(V)	4	6	8	10	12	16	20	24
转速 n(r/min)								

六、实验报告

根据测的驱动电压和转速,作 U-n 曲线。并与其他传感器测得的曲线比较。

任务三　行动计划书

项目名称				
项目背景				
项目目标				
项目任务				
项目组织	组长		职责	
	成员1		职责	
	成员2			
任务推进	（此处需要将总任务进行分解，对项目成员的职责进行任务转换，可在此处列出总体，需要另行设计细化的推进表。）			
沟通记录	（此处只列出个别重要记录，其他需要职责为沟通协调任务的成员另行详细记录。）			
项目总结	（此处只列出项目总结提纲，详细总结需要体现在项目设计文本中。）			

注：本行动计划书仅为参考样例，在教学实施过程中，根据学生各小组特点，可进行改造，同时要不断细化。行动计划书是整个项目过程控制、实施的记录性材料，将是任务完成的参考材料之一。

项目六　温度控制系统设计与制作

学校澡堂近来温度非常不稳定,原因是原有的控制系统为人工目测,随着温度计等设备的老化,以及人工操作的误差,造成系统误差不断扩大,学校决定对温度控制系统进行改造。请设计一款自动温度控制系统,要求能够对温度进行设计,并根据不同的流量特征,能够自行设定 PID 参数,以提供更好的洗浴体验。

任务一　温度控制系统电路设计

一、认识温度

1. 温度的基本概念

温度是表征物体冷热程度的物理量。温度的微观概念是:温度标志着物质内部大量分子的无规则运动的剧烈程度。

2. 温标

温度的数值表示方法称为温标。

(1)摄氏温标(℃)

摄氏温标把在标准大气压下冰的熔点定为零摄氏度(0℃),把水的沸点定为100摄氏度(100℃)。

(2)华氏温标(℉)

华氏温标规定在标准大气压下,冰的熔点为32℉,水的沸点为212℉。它与摄氏温标的关系式为 $\theta(℉) = 1.8t(℃) + 32$。

(3)热力学温标(K)

热力学温标是建立在热力学第二定律基础上的最科学的温标。用下式进行 K 氏和摄氏的换算:

$$t(℃) = T(K) - 273.15 \text{ 或 } T(K) = t(℃) + 273.15$$

(4)1990 国际温标(ITS-90)

国际计量委员会在18届国际计量大会第七号决议授权予1989年会议通过了1990年国际温标 ITS-90。区别于国际实用温标 IPTS-68,是一个国际协议性温标,它与热力学温标相接近,而且复现精度高,使用方便。

二、温度测量及传感器分类

温度传感器的分类方法很多。按照用途可分为基准温度计和工业温度计;按照测量方法又可分为接触式和非接触式;按工作原理又可分为膨胀式、电阻式、热电式、辐射式等;按输出方式分有自发电型、非电测型等。温度传感器分类见表6-1。

所利用的物理现象	传感器类型	测温范围（℃）	特点
体积热膨胀	气体温度计	−250～1000	不需要电源，耐用；但感温部件体积较大
	液体压力温度计	−200～350	
	玻璃水银温度计	−50～350	
	双金属片温度计	−50～300	
接触热电势	钨铼热电偶	1000～2100	自发电型，标准化程度高，品种多，可根据需要选择；须注意冷端温度补偿
	铂铑热电偶	200～1800	
	其他热电偶	−200～1200	
电阻的变化	铂热电阻	−200～900	标准化程度高；但需要接入桥路才能得到电压输出
	热敏电阻	−50～300	
PN 结结电压	硅半导体二极管（半导体集成电路温度传感器）	−50～150	体积小，线性好；但测温范围小
温度—颜色	示温涂料	−50～1300	面积大，可得到温度图像；但易衰老，精度低
	液晶	0～100	
光辐射、热辐射	红外辐射温度计	−50～1500	非接触式测量，反应快；但易受环境及被测体表面状态影响，标定困难
	光学高温温度计	500～3000	
	热释电温度计	0～1000	
	光子探测器	0～3500	

三、热电偶工作原理

两种不同材料的导体 A 和 B 组成一个闭合回路时，如图 6-1 所示，若两接点温度不同，则在该电路中会产生电动势，这种现象称为热电效应。该电动势称为热电动势。

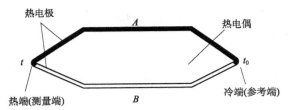

图 6-1　热电偶测温原理图

由两种导体的组合并将温度转化为热电动势的传感器叫作热电偶，组成热电偶的材料 A 和 B 称为热电极，两个接点中温度高的一端称为热端或测量端，另一端则称为冷端或参考端。

热电动势是由两种导体的接触电势（珀尔贴电势）和单一导体的温差电势（汤姆逊电势）所组成。热电动势的大小与两种导体材料的性质及接点温度有关。

接触电动势：由于两种不同导体的自由电子密度不同而在接触处形成的电动势。不同导体内部的电子密度是不同的，当两种电子密度不同的导体 A 与 B 接触时，接触面上就会发生电子扩散，电子从电子密度高的导体流向密度低的导体。电子扩散的速率与两导体的电子密度有关并和接触区的温度成正比。设导体 A 和 B 的自由电子密度为 N_A 和 N_B，且 $N_A > N_B$，电子扩散的结果使导体 A 失去电子而带正电，导体 B 则获得电子而带负电，在接触面形

成电场。这个电场阻碍了电子的扩散,达到动平衡时,在接触区形成一个稳定的电位差,即接触电势。其大小为:

$$e_{AB} = \left(\frac{kT}{e}\right)\ln\left(\frac{N_A}{N_B}\right)$$

式中:k——玻耳兹曼常数(J/K),$k = 1.38 \times 10^{-23}$ J/K;

$\quad\quad e$——电子电荷量(C),$e = 1.6 \times 10^{-19}$ C;

$\quad\quad T$——接触处的温度(K);

N_A、N_B——分别为导体 A 和 B 的自由电子密度。

温差电动势:同一导体的两端因其温度不同而产生的一种电动势。因导体两端温度不同而产生的电动势称为温差电势。由于温度梯度的存在,改变了电子的能量分布,高温(t)端电子将向低温端(t_0)扩散,致使高温端因失去电子带正电,低温端因获电子而带负电。因而在同一导体两端也产生电位差,并阻止电子从高温端向低温端扩散,于是电子扩散形成动平衡,此时所建立的电位差称为温差电势,即汤姆逊电势,它与温度的关系为:

$$e = \int_{t_0}^{t} \sigma \mathrm{d}t$$

式中:σ——汤姆逊系数,表示温差 1℃所产生的电动势值,其大小与材料性质及两端的温度有关。

由图 6-2 可知,热电偶回路中产生的总热电势为:

$$E_{AB}(t,t_0) = e_{AB}(t) + e_B(t,t_0) - e_{AB}(t_0) - e_A(t,t_0)$$

式中:$E_{AB}(t,t_0)$——热电偶电路的总热电势;

$\quad\quad e_{AB}(t)$——热端的接触电势;

$\quad\quad e_B(t,t_0)$——B 导体的温差电势;

$\quad\quad e_{AB}(t_0)$——冷端接触电势;

$\quad\quad e_A(t,t_0)$——A 导体的温差电势。

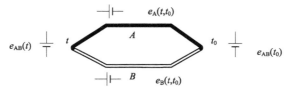

图 6-2　热电偶回路总热电势

在总热电势中,温差电势比接触电势小很多,可忽略不计,则热电偶的热电势可表示为:

$$E_{AB}(t,t_0) = e_{AB}(t) - e_{AB}(t_0)$$

对于已选定的热电偶,当参考温度 t_0 恒定时,$e_{AB}(t_0) = C$ 为常数,总热电动势就变成测量端温度 t 的单值函数,即:

$$E_{AB}(t,t_0) = e_{AB}(t) - C = f(t)$$

在实际应用中,热电势与温度之间的关系是通过热电偶分度表来确定的。分度表是参考端温度为 0℃时,通过实验建立起来的热电势与工作端温度之间的数值对应关系。

四、热电偶基本定律

1. 中间导体定律

在热电偶回路中接入第三种材料的导体,只要其两端的温度相等,该导体的接入就不会影响热电偶回路的总热电动势。根据这一定则,可以将热电偶的一个接点断开接入第三种导体,也可以将热电偶的一种导体断开接入第三种导体,只要每一种导体的两端温度相同,均不影响回路的总热电动势。在实际测温电路中,必须有连接导线和显示仪器,若把连接导线和显示仪器看成第三种导体,只要他们的两端温度相同,则不影响总热电动势。

根据这个定律,我们可采取任何方式焊接导线,可以将热电动势通过导线接至测量仪表进行测量,且不影响测量精度。可采用开路热电偶对液态金属和金属壁面进行温度测量,只要保证两热电极插入地方的温度相同即可。连接仪表的热电偶测量回路如图 6-3 所示。

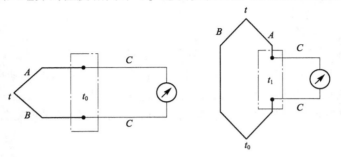

图 6-3　连接仪表的热电偶测量回路

2. 中间温度定律

在热电偶测温回路中,t_c 为热电极上某一点的温度,热电偶 AB 在接点温度为 t、t_0 时的热电势 $e_{AB}(t,t_0)$ 等于热电偶 AB 在接点温度 t、t_c 和 t_c、t_0 时的热电势 $e_{AB}(t,t_c)$ 和 $e_{AB}(t_c,t_0)$ 的代数和,即:

$$e_{AB}(t,t_0) = e_{AB}(t,t_c) + e_{AB}(t_c,t_0)$$

利用该定律,可对参考端温度不为 0℃ 的热电势进行修正。另外,可以选用廉价的热电偶 A'、B' 代替 t_c 到 t_0 段的热电偶 A、B,只要在 t_c、t_0 温度范围内 A'、B' 与 A、B 热电偶具有相近的热电势特性,便可将热电偶冷端延长到温度恒定的地方再进行测量,使测量距离加长,还可以降低测量成本,而且不受原热电偶自由端温度 t_c 的影响。这就是在实际测量中,对冷端温度进行修正,运用补偿导线延长测温距离,消除热电偶自由端温度变化影响的道理。

热电势只取决于冷、热接点的温度,而与热电极上的温度分布无关。

3. 参考电极定律

如图 6-4 所示,已知热电极 A、B 与参考电极 C 组成的热电偶在接点温度为 (t,t_0) 时的热电动势分别为 $E_{AC}(t,t_0)$、$E_{BC}(t,t_0)$,则相同温度下,由 A、B 两种热电极配对后的热电动势 E_{AB} 可按下面公式计算为:

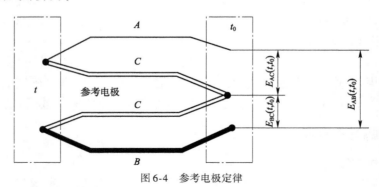

图 6-4　参考电极定律

$$E_{AB}(t,t_0)=E_{AC}(t,t_0)-E_{BC}(t,t_0)$$

参考电极定律大大简化了热电偶选配电极的工作,只要获得有关电极与参考电极配对的热电势,那么任何两种电极配对后的热电势均可利用该定理计算,而不需要逐个进行测定。由于纯铂丝的物理化学性能稳定,熔点较高,易提纯,所以目前常用纯铂丝作为标准电极。

例:已知铂铑$_{30}$—铂热电偶的 $E(1084.5℃,0℃)=13.937mV$,铂铑$_6$—铂热电偶的 $E(1084.5℃,0℃)=8.354mV$。

求:铂铑$_{30}$—铂铑$_6$热电偶在同样温度条件下的热电动势。

解:设 A 为铂铑$_{30}$电极,B 为铂铑$_6$电极,C 为纯铂电极,则:

$$E_{AB}(1084.5℃,0℃)=E_{AC}(1084.5℃,0℃)-E_{BC}(1084.5℃,0℃)=5.622mV$$

五、热电偶的种类及结构

热电极和热电偶的种类繁多,表6-2介绍了常用的八种,国际通用热电偶特性。

八种国际通用热电偶特性表 表6-2

名　　称	分度号	测温范围（℃）	100℃时的热电势（mV）	1000℃时的热电势（mV）	特　　点
铂铑$_{30}$—铂铑$_6$*	B	50～1820	0.033	4.834	熔点高,测温上限高,性能稳定,精度高,100℃以下热电势极小,所以可不必虑冷端温度补偿;价昂,热电势小,线性差;只适用于高温域的测量
铂铑$_{13}$—铂	R	－50～1768	0.647	10.506	使用上限较高,精度高,性能稳定,复现性好;但热电势较小,不能在金属蒸气和还原性气氛中使用,在高温下连续使用时特性会逐渐变坏,价昂,多用于精密测量
铂铑$_{10}$—铂	S	－50～1768	0.646	9.587	优点同上;但性能不如 R 热电偶;长期以来曾经作为国际温标的法定标准热电偶
镍铬—镍硅	K	－270～1370	4.096	41.276	热电势大,线性好,稳定性好,价廉;但材质较硬,在1000℃以上长期使用会引起热电势漂移;多用于工业测量
镍铬硅—镍硅	N	－270～1300	2.744	36.256	是一种新型热电偶,各项性能均比 K 热电偶好,适宜于工业测量
镍铬—铜镍（康铜）	E	－270～800	6.319	—	热电势比 K 热电偶大50%左右,线性好,耐高湿度,价廉;但不能用于还原性气氛;多用于工业测量
铁—铜镍（康铜）	J	－210～760	5.269	—	价格低廉,在还原性气体中较稳定;但纯铁易被腐蚀和氧化;多用于工业测量
铜—铜镍（康铜）	T	－270～400	4.279	—	价廉,加工性能好,离散性小,性能稳定,线性好,精度高;铜在高温时易被氧化,测温上限低;多用于低温域测量。可作－200～0℃温域的计量标准

注:* 铂铑$_{30}$表示该合金含70%的铂及30%的铑,其余类推。

101

六、热电偶冷端的温度补偿

根据热电偶测温原理,只有当热电偶的参考端的温度保持不变时,热电动势才是被测温度的单值函数。我们经常使用的分度表及显示仪表,都是以热电偶参考端的温度0℃为先决条件的。但是在实际使用中,因热电偶长度受到一定限制,参考端温度直接受到被测介质与环境温度的影响,不仅难于保持0℃,而且往往是波动的,无法进行参考端温度修正。因此,要使变化很大的参考端温度恒定下来,通常采用以下方法:

1. 0℃恒温法

将热电偶的冷端置于0℃的恒温器内,保持为0℃(图6-5)。此时测得的热电势可以准确地反映热端温度变化的大小,直接查对应的热电偶分度表即可得知热端温度的大小。

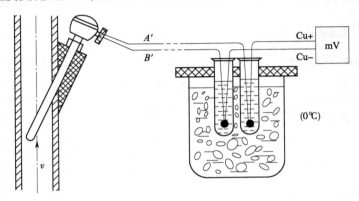

图6-5   0℃恒温法

2. 冷端温度修正法

将冷端置于其他恒温器内,使之保持温度恒定,避免由于环境温度的波动而引入误差。利用中间温度定律即可求出测量端相对于0℃的热电势。此方法在热电偶与动圈式仪表配套使用时特别实用。

3. 补偿导线法

实际测温时,由于热电偶的长度有限,冷端温度将直接受到被测介质温度和周围环境的影响。例如,热电偶安装在电炉壁上,电炉周围的空气温度的不稳定会影响到接线盒中的冷端的温度,造成测量误差。为了使冷端不受测量端温度的影响,可将热电偶加长,但同时也增加了测量费用。所以一般采用在一定温度范围内(0 ~ 100℃)与热电偶热电特性相近且廉价的材料代替热电偶来延长热电极,这种导线称为补偿导线,这种方法称为补偿导线法。如图6-6所示,A'、B'为补偿导线,根据补偿导线的定义有:

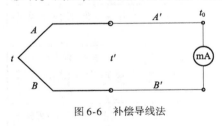

图6-6   补偿导线法

$$E_{AB}(t', t_0) = E_{A'B'}(t', t_0)$$

使用补偿导线必须注意以下两个问题:

(1)两根补偿导线与热电偶相连的接点温度必须相同,接点温度不超过100℃。

(2)不同的热电偶要与其型号相应的补偿导线配套使用,且必须在规定的温度范围内使用,极性不能接反。

在我国,补偿导线已有定型产品,如表6-3所示。

热电偶名称	分度号	材料	极性	补偿导线成分	护套颜色	金属颜色
铂铑—铂	S	铜	+	Cu	红	紫红
		铜镍	–	0.57% ~0.6% Ni,其余 Cu	绿	褐
镍铬—镍硅, 镍铬—镍铝	K	铜	+	Cu	红	紫红
		康铜	–	39% 41% Ni,1.4% ~1.8% Mn,其余 Cu	棕	白
镍铬—铜镍, 镍铬—康铜	E	镍铬	+	8.5% ~10% Cu,其余 Cu	紫	黑
		考铜	–	56% Cu,44% Ni	黄	白

七、热电偶测温线路

（1）测量某一点温度(一个热电偶和一个仪表配用的基本电路)，如图6-7 所示。

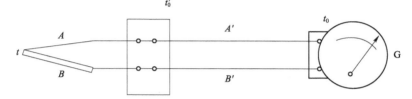

图6-7　热电偶测量温度

（2）测量两点温度之差的电路，如图6-8 所示。两支同型号的热电偶反向串联。

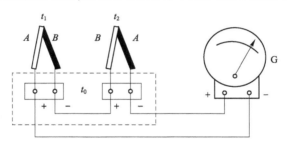

图6-8　热电偶测量两点温差

（3）测量两点间温度和的电路，如图6-9 所示。两支同型号的热电偶正向串联仪表的读数为：

$$E = E_{AB}(t_1,t_0) + E_{AB}(t_2,t_0)$$

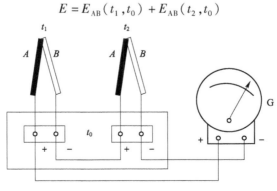

图6-9　测量两点间温度和

该电路的特点是：输出的热电势较大，提高了测试灵敏度，可以测量微小温度的变化。并且因为热电偶串联，只要有一支热电偶烧断，仪表即没有指示，可以立即发现故障。

（4）测量两点间平均温度的电路，如图 6-10 所示。两支同型号的热电偶并联仪表的读数为：

$$E = \frac{E_{AB}(t_1, t_0) + E_{AB}(t_2, t_0)}{2}$$

图 6-10 中每一支热电偶分别串接了均衡电阻 R_1、R_2，其作用是在 t_1、t_2 不相等时，在每一支热电偶回路中流过的电流不受热电偶本身内阻不相等时的影响，所以 R_1、R_2 的阻值很大。该电路的缺点为：当某一热电偶烧断时，不能立即察觉出来，会造成测量误差。

（5）多点温度测量线路。如图 6-11 所示。

通过波段开关，可以用一台显示仪表分别测量多点温度。该种连接方法要求每只热电偶型号相同，测量范围不能超过仪表指示量程，热电偶的冷端处于同一温度下。多点测量电路多用于自动巡回检测中，可以节约测量经费。

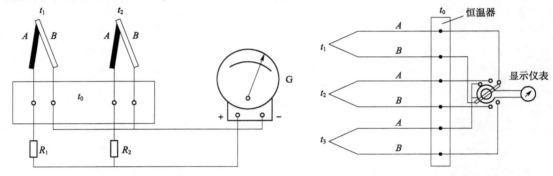

图 6-10　测量两点间平均温度　　　　图 6-11　一台仪表分别测量多点温度

八、样例：温度控制系统案例电路及分析——单片机恒温箱温度控制系统的设计

1. 系统原理

选用 AT89C2051 单片机为中央处理器，通过温度传感器 DS18B20 对恒温箱进行温度采集，将采集到的信号传送给单片机，再由单片机对数据进行处理，控制显示器，并比较采集温度与设定温度是否一致，然后驱动恒温箱的加热或制冷。

2. 系统总结构图

总体设计应该是全面考虑系统的总体目标，进行硬件初步选型，然后确定一个系统的草案，同时考虑软硬件实现的可行性。总体方案经过反复推敲，确定了以美国 Atmel 公司推出的 51 系列单片机为温度智能控制系统的核心，并选择低功耗和低成本的存储器、数码显示器等元件，总体方案如图 6-12 所示。

3. 温度传感器

采用数字温度传感器 DS18B20，与传统的热敏电阻相比，他能够直接读出被测温度并且可根据实际要求通过简单的编程实现 9 ~ 12 位的数字值读数方式。可以分别在 93.75ms 和 750ms 内完成 9 位和 12 位的数字量，并且从 DS18B20 读出的信息或写入 DS18B20 的信息仅需要一根口线（单线接口）读写，温度变换功率来源于数据总线，总线本身也可以向所挂接的 DS18B20 供电，而无须额外电源。因而使用 DS18B20 可使系统结构更趋简单，可

靠性更高,成本更低。测量温度范围为 ~55 ~ +125℃。在 -10 ~ +85℃ 范围内,精度为
±0.5℃。DS1822 的精度较差为 ±2℃。现场温度直接以"一线总线"的数字方式传输,大大
提高了系统的抗干扰性。其引脚分布如图 6-13 所示

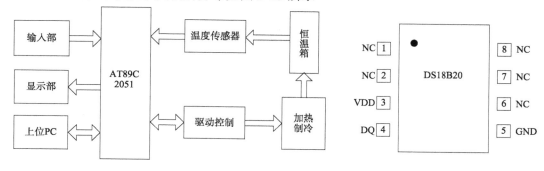

图 6-12　系统总体框图

图 6-13　DS18B20 引脚图

(1)引脚功能

NC(1、2、6、7、8 脚):空引脚,悬空不使用。

VDD(3 脚):可选电源脚,电源电压范围为 3 ~ 5.5V。

DQ(4 脚):数据输入/输出脚,漏极开路,常态下高电平。

(2)DS18B20 测温原理

DS18B20 的测温原理如图 6-14 所示,图中低温度系数晶振的振荡频率受温度影响很
小,用于产生固定频率的脉冲信号送给计数器 1。高温度系数晶振随温度变化其振荡率明显
改变,所产生的信号作为计数器 2 的脉冲输入。计数器 1 和温度寄存器被预置在 -55℃ 所
对应的一个基数值。计数器 1 对低温度系数晶振产生的脉冲信号进行减法计数,当计数器 1
的预置值减到 0 时,温度寄存器的值将加 1,计数器 1 的预置将重新被装入,计数器 1 重新开
始对低温度系数晶振产生的脉冲信号进行计数,如此循环直到计数器 2 计数到 0 时,停止温
度寄存器值的累加,此时温度寄存器中的数值即为所测温度。斜率累加器用于补偿和修正
测温过程中的非线性,其输出用于修正计数器 1 的预置值。DS18B20 在正常使用时的测温分
辨率为 0.5℃,如果要更高的精度,则在对 DS18B20 测温原理进行详细分析的基础上,采取直接
读取 DS18B20 内部暂存寄存器的方法,将 DS18B20 的测温分辨率提高到 0.01 ~ 0.1℃。

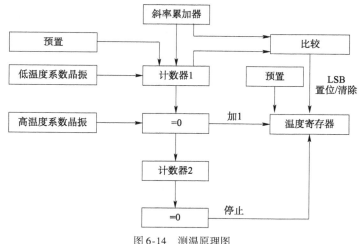

图 6-14　测温原理图

4. 温度传感器 DS18B20 模块软件设计

DS18B20 上电后处于空闲状态，需要控制器发能完成温度转换。DS18B20 的单线通信功能是分时完成的，具有严格的时序要求，而 AT89C2051 单片机并不支持单线传输，必须采用软件的方法来模拟单线的协议时序。DS18B20 的操作必须严格按照协议进行。工作协议流程为：主机发复位脉冲初始化 DS18B20→DS18B20 发响应脉冲→主机发 ROM 操作指令→主机发存储器操作指令→数据传输。

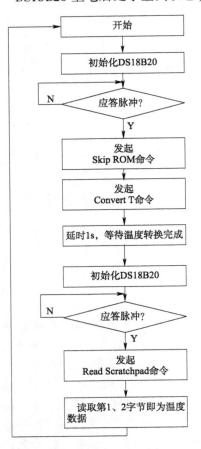

图6-15　温度转换读取温度数值程序流程

对 DS18B20 操作时，首先要将它复位。复位时，DQ 线被拉为低电平，时间为 480～960μs；接着将数据线拉为高电平，时间为 15～60μs；最后 DS18B20 发出 60～240μs 的低电平作为应答信号，这时主机才能进行读写操作。

进行写操作时，将数据线从高电平拉至低电平，产生写起始信号。从 DQ 线的下降沿起计时，在 15～60μs 这段时间内对数据线进行检测，如数据线为高电平，则写 1；若为低电平，则写 0，这就完成了一个写周期。在开始另一个写周期前，必须有 1μs 以上的高电平恢复期。每个写周期必须要有 60μs 以上的持续期。

读操作时，主机将数据线从高电平拉至低电平 1μs 以上，再使数据线升为高电平，从而产生读起始信号。从主机将数据线从高电平拉至低电平起 15～60μs，主机读取数据。每个读周期最短的持续期为 60μs，周期之间必须有 1μs 以上的高电平恢复期。

温度转换读取温度数值程序流程如图 6-15 所示。

5. 显示程序设计

MAX7219 上电时，译码方式、亮度调节、扫描位数、待机开关和显示检测 5 个控制寄存器全部清零。对于 MAX7219，串行数据以 16 位数据包的形式从 DIN 脚串行输入，在 CLK 的每一个上升沿一位一位的送入芯片内部 16 位移位寄存器，而不管 LOAD 脚的状态如何。LOAD 脚必须在第 16 个上升沿出现的同时或之后，但在下一个 CLK 上升沿之前变为高电平，否则移入的数据将丢失。

6. 键盘程序设计

在按键的软件设计时考虑了按键去抖动技术问题。因为按键的无操作抖动很可能影响单片机对按键的判断，因此必须考虑去抖动问题。键盘的程序流程图如图 6-16 所示。

7. PID 控制程序设计

$$P(K) = P(K-1) + K_P[E(K) - E(K-1)] + K_I \cdot E(K) + K_D[E(K) - 2E(K-1) + E(K-2)]$$
$$= P(K-1) + P_P + P_I + P_D$$

根据上式编程，相应的程序流程图如图 6-17 所示。

8. 主程序流程图及程序设计

系统主程序流程图如图 6-18 所示。

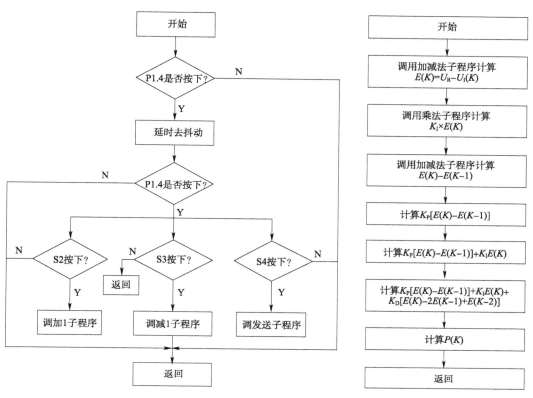

图 6-16 键盘的程序流程图

图 6-17 PID 算法程序流程图

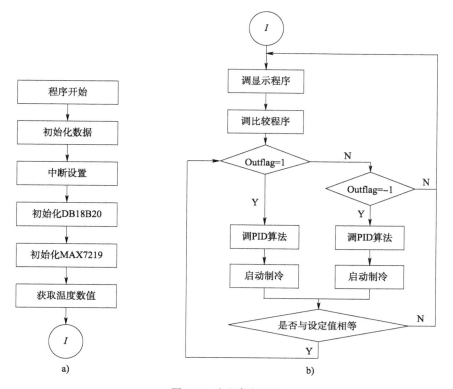

图 6-18 主程序流程图

有了各个功能块的软件实现方法,软件的总体设计就变得简单了,软件设计中一个重要的思想就是采用模块化设计,把一个大的任务分解成若干个小任务,分别编制实现这些小任务的子程序,然后将子程序按照总体要求组装起来,就可以实现这个大任务了。这种思路对于可重复使用的子程序显得尤为优越,因为不仅程序结构清晰,还可节约程序存储空间。

制作:温度控制系统设计及制作方案

工具准备	
电路设计	
原理阐述	
硬件清单	

任务二　热电偶传感器实验验证

一、实验目的

了解 E 型热电偶的特性与应用。

二、实验仪器

智能调节仪、PT100、E 型热电偶、温度源、温度传感器实验模块。

三、实验原理

E 型热电偶传感器的工作原理同 K 型热电偶。

四、仿真实验

（1）连接虚拟实验模板上的 +15V 电源导线（将红、黑、蓝三个插针分别拉到相应的插孔处，连线提示状态框提示"连线正确"，错误则提示"连线错误，请重新连线"。每次连线正确与否，都有提示）。

（2）连接作图工具导线两端到 Uo2 输出端口，并点击作图工具图标，弹出作图工具窗口，如图 6-19 所示。

（3）打开图 6-19 中左上角的电源开关，指示灯呈黄色，打开调节仪电源开关。

（4）调节 Rw4 旋钮，将 Y 轴上的红色基准点调零。

（5）调节温度显示表的" + "" - "按钮，输出波形，如图 6-19 所示。

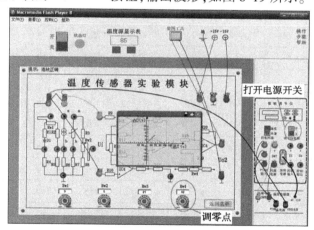

图 6-19　作图工具窗口

（6）如果对本次实验不满意，可点击电源开关的"关"，则所有的控件、按钮恢复初始状态，即可重新做实验。

（7）如果想结束本实验，则点击虚拟实验模板右下角的"返回菜单"，返回主菜单界面，或直接关闭本 flash。

五、实验内容与步骤

（1）重复 Pt100 温度控制实验，将温度控制在 50℃，在另一个温度传感器插孔中插入 E

109

型热电偶温度传感器。

（2）将±15V 直流稳压电源接入温度传感器实验模块中。温度传感器实验模块的输出 Uo2 接主控台直流电压表。

（3）将温度传感器模块上差动放大器的输入端 Ui 短接，调节 Rw3 到最大位置，再调节电位器 Rw4 使直流电压表显示为零。

（4）拿掉短路线，按图 6-19 接线，并将 E 型热电偶的两跟引线，热端（红色）接 a，冷端（绿色）接 b，并记下模块输出 Uo2 的电压值。

（5）改变温度源温度每隔 50℃ 记下 Uo2 输出值。直到温度升至 120℃。将实验结果填入表 6-4。

实验结果记录表 表 6-4

T（℃）													
Uo2（V）													

六、实验报告

（1）根据表实验所得数据作 U_{02}-T 曲线，分析 K 型热电偶的温度特性曲线，计算其非线性误差。

（2）根据中间温度定律和 E 型热电偶分度表（表 6-5），用平均值计算出差动放大器的放大倍数 A。

E 型热电偶分度表（分度号：E，单位：mV） 表 6-5

温度（℃）	热电动势（mV）									
	0	1	2	3	4	5	6	7	8	9
0	0.000	0.059	0.118	0.176	0.235	0.295	0.354	0.413	0.472	0.532
10	0.591	0.651	0.711	0.770	0.830	0.890	0.950	1.011	1.071	1.131
20	1.192	1.252	1.313	1.373	1.434	1.495	1.556	1.617	1.678	1.739
30	1.801	1.862	1.924	1.985	2.047	2.109	2.171	2.233	2.295	2.357
40	2.419	2.482	2.544	2.057	2.669	2.732	2.795	2.858	2.921	2.984
50	3.047	3.110	3.173	3.237	3.300	3.364	3.428	3.491	3.555	3.619
60	3.683	3.748	3.812	3.876	3.941	4.005	4.070	4.134	4.199	4.264
70	4.329	4.394	4.459	4.524	4.590	4.655	4.720	4.786	4.852	4.917
80	4.983	5.047	5.115	5.181	5.247	5.314	5.380	5.446	5.513	5.579
90	5.646	5.713	5.780	5.846	5.913	5.981	6.048	6.115	6.182	6.250
100	6.317	6.385	6.452	6.520	6.588	6.656	6.724	6.792	6.860	6.928
110	6.996	7.064	7.133	7.201	7.270	7.339	7.407	7.476	7.545	7.614
120	7.683	7.752	7.821	7.890	7.960	8.029	8.099	8.168	8.238	8.307
130	8.377	8.447	8.517	8.587	8.657	8.827	8.842	8.867	8.938	9.008
140	9.078	9.149	9.220	9.290	9.361	9.432	9.503	9.573	9.614	9.715
150	9.787	9.858	9.929	10.000	10.072	10.143	10.215	10.286	10.358	4.429

任务三　行动计划书

项目名称					
项目背景					
项目目标					
项目任务					
项目组织	组长		职责		
	成员1		职责		
	成员2				

任务推进

　　(此处需要将总任务进行分解,对项目成员的职责进行任务转换,可在此处列出总体,需要另行设计细化的推进表。)

沟通记录

　　(此处只列出个别重要记录,其他需要职责为沟通协调任务的成员另行详细记录。)

项目总结

　　(此处只列出项目总结提纲,详细总结需要体现在项目设计文本中。)

注:本行动计划书仅为参考样例,在教学实施过程中,根据学生各小组特点,可进行改造,同时要不断细化。行动计划书是整个项目过程控制、实施的记录性材料,将是任务完成的参考材料之一。

参 考 文 献

［1］余锡存,曹国华.单片机原理与接口技术［M］.西安:西安电子科技大学出版社,2000.

［2］贾伯年,俞朴.传感器技术［M］.南京:东南大学出版社,2000.

［3］李道华,李玲,朱艳.传感器电路分析与设计［M］.武汉:武汉大学出版社,2000.

［4］黄继昌,等.实用单元电路及其应用［M］.北京:机械工业出版社,2008.

［5］余孟尝.数字电子技术基础简明教程［M］.北京:高等教育出版社,2006.

［6］赵家贵编 传感器电路设计手册［M］.北京:中国计量出版社,2002.

［7］电子电路图网. http://www. cndzz. com.

［8］传感器与检测技术(知识点总结).百度文库.
http://wenku. baidu. com/view/1a9bf9cbda38376bae1fae07. html? from = search

［9］传感器与检测技术_课程论文参考模板.百度文库.
http://wenku. baidu. com/view/083c1f792b160b4e767fcf9d. html? from = search